中公文庫

三　　略

眞鍋呉夫訳

中央公論新社

目次

三略

上略

凡　例

一　テキストは明の劉寅が著した『七書直解』を定本とし、他に諸家の註本を参照した。

二　主な語句については、各節の最後に注釈を付した。

1

夫《そ》れ主将の法は、務めて英雄の心を攬《と》り、有功を賞禄《しょうろく》し、志を衆に通ず。故に衆と好《このみ》を同じうすれば、成らざる靡《な》く、衆と悪《にくみ》を同じうすれば、傾かざる靡し。国を治め家を安んずるは、人を得ればなり。国を亡ぼし家を破るは、人を失えばなり。含気《がんき》の類、咸《ことごと》く其《そ》の志を得んことを願う。

そもそも、人に将たらんと欲する者は、努めて英雄の心を収攬《しゅうらん》し、功績を顕彰し、もって自分の意志を人々に周知させなければならない。したがって、自分と人々の好むところを一致させるようにすれば、必ずや事は成功するであろう。同様に、自分と人々の憎むところを一致させるようにすれば、人々の信頼をかちうることができるであろう。

すなわち、そうして人心を得ることができれば、国を治め、家を安んじることも、さして難しい事ではない。しかし、その反対に、ひとたび人心を失ってしまえば、みすみす国を滅ぼし、家を失うような破目に立ち至るであろう。

それにつけても、およそこの世に人として生をうけた者は、例外なくその胸中に切実な願いを秘めていて、いつもその願いの成就を切望している、ということを片時も忘れてはならない。

〈含気の類〉含まれたいろいろな気持。胸中の夢の数々。

2

『軍識《ぐんしん》』に曰《いわ》く、「柔は能《よ》く剛を制し、弱は能く強を制す」と。

柔とは徳なり、剛とは賊なり。弱なる者は人の助《たす》くる所にして、強なる者は人の攻むる所なり。

柔は設くる所有り、剛は施す所有り。弱は用うる所有り、強は加うる所有り。此《こ》の四者を兼ねて、其の宜《よろ》しきを制す。端末、未だ見《あら》われずんば、人、能く知る莫《な》し。

天地は神明にして、物と推移す。変動して常無く、敵に因りて転化す。事の先と為《な》らず、動いて輒《すなわ》ち随《したが》う。

故に能く無疆《むきょう》を図り制して、天威を扶《たす》け成す。八極を康正し、九夷を密定す。此《かく》の如《ごと》く謀る者は、帝王の師為《た》り。

軍事についての最高の指針とでもいうべき『軍讖《ぐんしん》』のなかに、

「柔よく剛を制し、弱よく強を制す」

という一節がある。

そういえば、柔軟なものにはいろいろな効用があるが、生硬なものはとかく災いのもとになりやすい。弱者は人に助けられることが多いが、強者は攻められることが少なくない。

また、柔には利益を生む可能性があるが、剛にはむしろ損失を招くおそれがある。同様に、弱には物の役に立つ性質があるが、強にはぶちこわす性質がないではない。

しかし、だからといって、絶対的な意味で柔と弱だけで成りたっているような事物は、どこにも存在しない。柔あれば剛あり、弱あれば強ありというのが、存在の真相である。

したがって、肝腎なのは、この四者の性質に通暁して、いかなる情勢の変化にも即応しうるような、自在な態勢を整えておくことである。そうすれば、ついうっかり尻尾《しっぽ》を出して、こちらの真意を敵に悟られるようなぶざまなことが起こるはずはない。

げんに、自然には人智を超えた霊妙な働きがあって、絶えず万物と共に流転している。しかも、相手の動きに応じて変幻自在、片時たりとも停滞することがない。

そこで、こうした自然の働きに学び、相手の動きに応じて間髪を入れず行動を起こすことが大切である。決して、事に先立って妄動してはならない。もし、軍事を行うにさいして、以上のような配慮を怠らなければ、もって帝王の威厳の確立に貢献することができる。ひいては、あまねく天下を平定し、辺境の蛮族を心服させることができる。

すなわち、こういう臨機応変の働きができてこそ、はじめて帝王の軍隊といえるのである。

〈軍識〉兵法の書。軍の勝敗を予言的に述べたもの。
〈八極〉八方のはて。八方は、東・西・南・北・乾・坤・艮・巽の四方と四隅。転じて、全世界のこと。
〈九夷〉東方のえびす。玄菟・楽浪・高麗・満飾・鳧更・索家・東着・倭人・天鄙《てんび》の九種の東夷。

3

故に曰く、「強を貪《むさぼ》らざるは莫きも、能く微を守るものは鮮《すくな》し」と。若《も》し能く微を守らば、乃《すなわ》ち其の生を保たん。聖人は之《これ》を存して、以《もっ》て事機に応ず。之を舒《の》ぶれば四海に弥《わた》り、之を巻けば抔《ほう》に盈《み》たず。之に居《お》るに室宅を以てせず、之を守るに城郭を以てせず。之を胸臆に蔵《おさ》めて、敵国服す。

だから、

「より強剛であろうとして血眼《ちまなこ》にならぬ者は滅多にいないが、柔弱であることを大切にしている者は極めて少ない」

と言うのである。

しかし、もし人がその柔弱という要素の特性を大切にすることに努めれば、必ずやその生命を大過なく保全することができるであろう。世に聖人といわれるほどの人は、その間の機微をよく心得ていて、臨機に事に対処するのである。

また、この柔弱という要素の本質を拡大すれば、あまねく天下に行きわたるほど大きくなり、縮小すればてのひらにも満たないほど小さくなる。これを住まわせるための家もいらぬし、守るための城も必要ではない。

しかも、これを胸中深く堅持しておけば、強大な敵国といえども自然に心服するようになるものである。

〈四海〉四方の海。天下。『漢書』にも「所謂天下陸海之地」という語釈がある。
〈抔〉掌にのせる位の量。酒器としての杯（盃）のことではない。

4

『軍識』に曰く、「能く柔にして能く剛なれば、其の国は弥《いよ》いよ光り、能く弱にして能く強なれば、其の国は弥いよ彰《あらわ》る。純《もっぱ》ら柔にして純ら弱なれば、其の国は必ず削られ、純ら剛にして純ら強なれば、其の国は必ず亡ぶ」と。

夫れ国を為《おさ》むるの道は、賢と民とを恃《たの》む。賢を信ずること腹心の如くにし、民を使うこと四肢の如くにすれば、則《すなわ》ち策は遺《のこ》すことなし。適《ゆ》く所は肢体の相随《あいしたが》い、骨節の相救うが如くにすれば、天道の自然にして、其の巧に間無し。

前にも引用した『軍識《ぐんしん》』のなかに、

「時に応じて柔と剛とを使いわけることができれば、その国はますます繁栄し、時に応じて弱と強を使いわけることができれば、その国の評価はますます高まるであろう。しかし、いつも柔弱であれば、その国は必ず削られ、いつも剛強であれば、その国は必ず滅びるであろう」

という一節がある。

そもそも、国を正しく治めるためには、賢者と人民を大切にしなければならない。また、心の底から賢者を信頼し、自分の手足を使うように人民を扱えば、その政策に遺漏《いろう》など生ずるはずはない。

これを実践に移す場合にも、体と手足が相従い、骨と関節が相助けるごとくすれば、天体の運行のように自然で無理がなく、決して思わぬ失敗をきたすようなことはありえない。

5

軍国の要は、衆心を察して、百務を施す。

危き者は之を安んじ、懼《おそ》るる者は之を歓ばしむ。叛《そむ》く者は之を還し、冤《えん》する者は之を原《ゆる》す。訴うる者は之を察し、卑しき者は之を貴《たっと》くす。強き者は之を抑え、敵する者は之を残《そこな》う。貧しき者は之を豊かにし、欲する者は之をせしむ。畏《おそ》るる者は之を隠し、謀る者は之を近づく。讒《ざん》する者は之を覆《くつがえ》し、毀《そし》る者は之を復す。反する者は之を廃し、横《ほしいまま》なる者は之を挫《くじ》く。満つる者は之を損し、帰する者は之を招く。服する者は之を活かし、降《くだ》る者は之を脱《ゆる》す。

軍事と国政において最も大切なことは、人民の多様な要求を洞察して、すばやくそれぞれの要求に応じた対策を講ずることである。

たとえば、なんらかの危険に瀕している者がいれば安心できるようにし、何かを恐れている者がいれば喜べるようにする。背いた者がいれば復帰できるようにし、濡衣《ぬれぎぬ》を着せられた者がいればその冤罪《えんざい》を晴らしてやる。

何かを訴える者がいればその身になって耳を傾け、身分の低すぎる者にはより高い身分を与える。強者は抑制し、敵対する者は討ち滅ぼす。貧しい者は豊かにし、何かを欲している者にはその望みをかなえてやる。

何かに怯《おび》えている者は保護し、智謀の士を重用する。根も葉もない告げ口をする者はきびしくたしなめて、その不心得を思い知らせ、やたらに悪口を言う者には注意をしてその癖を改めさせる。反抗する者はしりぞけ、邪悪な者はこらしめる。

みちたりて飽和状態に達している者はすこしその資産を減らし、帰順する者は受けいれる。心服する者は活用し、降服してくる者は大らかに許してやる。かりそめにも、そういうきめこまかな配慮を怠ってはならない。

6

固を獲《う》れば之を守り、阨《あい》を獲れば之を塞ぐ。難を獲れば之に屯《とん》し、城を獲れば之を割《さ》く。地を獲れば之を裂《さ》き、財を獲れば之を散ず。

敵動けば之を伺い、敵近づけば之に備う。

敵強ければ之に下り、敵佚《いっ》すれば之を去る。敵陵《しの》げば之を待ち、敵暴なれば之を綏《やす》んず。敵悖《もと》れば之を義《ただ》し、敵睦《むつ》めば之を攜《はな》す。挙に順《したが》いて之を挫き、勢いに因りて之を破る。放言して之を過《あやま》たしめ、四《よ》もに網《あみ》して之を羅《あみ》す。

また、戦いに臨んでは、次のような諸点に留意することが大切である。

堅い守りを破ったならば再び、敵の手にわたらぬようにし、けわしく狭い地を手に入れたならば、道路を遮断して、再び敵の手にわたらぬようにする。難攻不落の地を手に入れればその場所に常駐し、敵の城を手に入れればこれを人に分け与える。敵の領地を手に入れれば公正に分割し、財貨を手に入れればみんなに分配する。

さて、敵が動きだせば、どうすればよいのか。無論、すばやくその動きを偵察し、敵が接近してくれば直ちに要撃の準備を整えなければならない。

ただし、敵が強ければまともに戦うことを避け、敵が調子づいていればさっとひいて肩すかしを食わせる。敵が優勢であればその士気が衰えるのを待ち、敵が暴虐であればほかならぬその暴虐な力の力学によって自滅を招くにまかせる。敵が不正であれば正義に訴え、敵の結束がかたければ、その間に楔《くさび》を打ちこんで離反させる。

要するに、敵の動きに従って攻撃し、その勢いを逆用して敵を打ち破るのである。そうして、流言飛語を放って敵を混乱させ、八方に罠《わな》をしかけて一網打尽にしてしまう。

これが戦《いくさ》に勝つための最良の策だといっても、決して過言ではない。

7

得るも有《たも》つ勿《な》かれ、居るも守る勿かれ。抜くも久しうする勿かれ、立つも取る勿かれ。

為す者は則ち己にして、有つ者は則ち士なり。焉《いずく》んぞ利の在る所を知らんや。

彼は諸侯為《た》り、己は天子為り。城をして自ら保たしめ、士をして自ら処せしむ。

また、敵の財貨を手に入れても一人占めにしてはいけないし、敵地に駐留しても長居をしてはいけない。攻撃が効を奏してもあまり長期にわたってはいけないし、敵が改めて主君を立てた場合には討ち取ってはならない。

ところで、このように緻密な計画をたてて名を得るのは自分であるが、手柄をたてて実を取るのは部下たちである。

しかし、だからといって、自分と彼らのどちらが真の利益をうるのかを知らない訳ではない。

なぜなら、彼らはせいぜい諸侯になるにすぎぬが、自分は国王になって、彼らに自力でそれぞれの城を守らせ、それぞれの問題を解決させる。そういう方法によって、彼らを統括することができるからである。

これにまさる利益がいったいどこにあろう。

8

世《よ》能く祖を祖とするも、能く下《しも》を下とするもの鮮《すくな》し。祖を祖とするは親《しん》為り、下を下とするは君為り。

下を下とする者は、耕桑に務めしめ、其の時を奪わず。賦斂《ふれん》を薄くして、其の財を匱《とぼ》しくせず。傜役《ようえき》を罕《まれ》にして、其れをして労せしめざれば、則ち国富みて、家娯《たの》しむ。然《しか》る後に士を選びて以て之を司牧とす。

夫れ所謂《いわゆる》士なる者は、英雄なり。故に曰く、「其の英雄を羅《あみ》すれば、則ち敵国窮す」と。

英雄は国の幹にして、庶民は国の本なり。其の幹を得て、其の本を収むれば、則ち政《まつりごと》行われて怨《うらみ》無し。

世に祖先を尊ぶ者は多いが、人民を愛する者は少ない。祖先を尊ぶ者は善い親になることができ、人民を愛する者は立派な君主になることができる。

人民を愛する明君は、必ず農耕を奨励し、過重な公役によってその時間を奪うようなばかなことはしない。むしろ、すこしでも税金を軽くして、人民の財産が増えるように努める。また、できるだけ公役の度数をへらして、人民を困憊《こんぱい》させないように心がける。こうした思いやりがあってこそ、国は繁栄し、人民は安心してそれぞれの仕事にいそしむことができるのである。

さて、こうして人民の生活の基礎を整えたあとで、志操高く剛毅な賢者を抜擢して、人民を指導させる。

それでは、志操高く剛毅な賢者とはいったい何か。これを一語にして言えば、すなわち英雄である。だからこそ、

「在野の英雄をもれなく抜擢して重用すれば、敵国はそれだけで手を出すことができなくなる」

と言うのである。

つまり、国を樹《き》にたとえれば、英雄は幹であり、民衆は根にほかならない。だ

から、幹を得ることによってその根を包括することができれば、正しい政策が津々浦々まで行きわたって、君主を怨《うら》む者など一人もいなくなるはずである。

〈賦斂〉人民に租税をわりつけて取りたてること。＊用例「賦斂無レ度」（『史記』「秦始皇本紀」）
〈徭役〉夫役。公用のために義務的に働かせること。

9

夫れ兵を用うるの要は、礼を崇《たか》くして禄を重くするに在り。礼崇ければ則ち智士は至り、禄重ければ則ち義士は死を軽んず。

故に賢を禄するに財を愛《おし》まず、功を賞するに時を踰《こ》えざれば、則ち下《しも》は力弁《あわ》せて、敵国は削らる。

夫れ人を用うるの道は、尊ぶに爵《しゃく》を以てし、贍《た》すに財を以てすれば、則ち士は自ら来たる。接するに礼を以てし、励ますに義を以てすれば、則ち士は之に死す。

戦《いくさ》に臨んで、部下の兵士たちに手足のように働いてもらうためには、日頃からその処遇に礼をつくし、俸禄を手厚くしておくことが大切である。その処遇に礼をつくせばおのずから智者が集まり、手厚くすれば義士は死をも恐れなくなる。だから、賢者を処遇するさいには財貨を惜しまず、功績を顕彰するさいには敏速に実行するとよい。そうすれば、部下たちはかならずや力のかぎり奮戦して、敵を打ち破るであろう。

要するに、人を使う要諦は、高位を与えて礼遇し、財貨を与えて富裕にしてやることである。そうすれば、人材はたちどころに集まってくる。そこで、丁重にこれをもてなし、義をもって鼓舞すれば、死をも恐れなくなるものである。

10

夫れ将帥《しょうすい》は、必ず士卒と滋味を同じくして、安危を共にすれば、敵、乃ち加うべし。故に兵に全勝有り、敵に全因有り。

昔者《むかし》良将の兵を用うるに、簞醪《たんろう》を饋《おく》る者有り。諸《これ》を河に投ぜしめて、士卒と流を同じくして飲む。

夫れ一簞《たん》の醪《ろう》は、一河の水を味する能《あた》わざるも、三軍の士の、為に死を致さんと思う者は、滋味の己に及ぶを以てなり。

そもそも、一軍の将たる者が、かならず兵士と同じ物を食い、安危を共にすることを実行していれば、将兵一丸となって敵に当たることができる。味方は全勝、敵は全敗というのがその帰結であることは、付け加えるまでもあるまい。

そういえば、かつてある良将の出陣にさいして、その祝いにと一樽《ひとたる》の濁酒を贈った者があった。

しかし、一樽の濁酒では、全軍の将兵の喉《のど》をうるおすことができない。そこで、彼は樽の中味を黄河に流しこませてから、部下たちと共にその水を飲んだという。

無論、わずか一樽の酒を注いだぐらいで、大きな河の水が酒に一変するはずはない。しかし、全軍の兵士がそのために死んでもよいという気持になったのは、たとえ身分のちがいはあっても、ここでは将軍も自分も同じ物を食っている——ひいては、苦楽を共にしているという事実を眼《ま》のあたりにして感奮したからにほかならない。

〈箪醪〉ひさごに入れた濁り酒。この一節は、昔、越王が醪を河に投じて士卒に飲ましめ、戦気百倍したという故事に拠っている。

11

『軍識《ぐんしん》』に曰く、「軍井の未だ達せざれば、将は渇するを言わず。軍幕の未《いま》だ弁ぜざれば、将は倦《う》むを言わず。軍竈《ぐんそう》の未だ炊がざれば、将は饑《う》うと言わず。冬も裘《きゅう》を服せず、夏も扇を操らず。雨ふるも蓋《がい》を張らず。是《こ》れを将の礼と謂《い》う」と。之と安くし、之と危くす。故に其の衆は合うべくも離るべからず、用うべくも疲らすべからず。其の恩の素より蓄えて、謀の素より合うを以てなり。故に曰く、「恩を蓄えて倦まざれば、一を以て万を取る」と。

『軍識《ぐんしん》』のなかに、

「一軍の将たる者、陣中においては、たとえ井戸が掘られていても、まだ水脈に達しないうちは、決して喉がかわいたなどと言ってはならない。天幕が配られていても、まだ全軍に行きわたらないうちは、決して疲れたなどと言ってはならない。竈《かまど》で飯が炊かれていても、まだできあがらないうちは、決して腹がへったなどと言ってはならない。また、冬でも外套《がいとう》を着ず、夏でも扇を手にしない。雨が降っても傘をささない。これが、将たる者の心得である」

という一節がある。

つまり、このように兵士たちと安危を共にせよというのであるが、そうすれば兵士たちの気持もその将と一つになりこそすれ、離反しようなどとはしなくなる。めざましい働きをしめしこそすれ、そのおかげで疲れたなどとは言わなくなる。

それというのも、普段からその将の思いやりの深さを身にしみて感じ、その将の考えが自分たちのそれと同じであることをよく知っているからである。また、だからこそ、

「普段から兵士たちを愛してやまなければ、彼らは一人で万人の敵を打ち破るであろう」

と言うのである。

〈軍竈〉陣中で使うかまど。
〈裘〉かわごろも。けごろも。＊求と衣の合字。求も皮衣の象形字。

12

『軍讖』に曰く、「将の威を為す所以《ゆえん》の者は号令なり。戦《いくさ》の全勝する所以の者は軍政なり。士の戦を軽んずる所以の者は命《めい》を用うればなり」と。故に将は還令無く、賞罰は必ず信なること、天の如く地の如くにして、乃ち人を使うべし。

士卒は命を用いて、乃ち境を越ゆべし。

『軍讖《ぐんしん》』のなかに、

「一軍の将が威厳を保ちうるのは、その命令が的確だからである。戦《いくさ》に勝ち続けることができるのは、その軍政が公正だからである。兵士が戦を厭《いと》わないのは、将の命令を信ずることができるからである」

という一節がある。

だから、一軍の将たる者は、いったん出した命令を取り消すようなことは決してせず、賞罰は必ず厳格に実行し、天地のように過《あやまち》なく部下たちを遇さねばならない。

そうすれば、兵士たちはただちにその将の命令に従い、いかなる限界、いかなる障害をも越えて戦うであろう。

13

夫れ軍を統《す》べて勢いを持する者は将なり。勝を制して敵を敗る者は衆なり。故に乱将は軍を保たしむべからず、乖衆《かいしゅう》は人を伐《う》たしむべからず。城を攻むるも抜くべからず、邑《むら》を図れば則ち廃せず。

二者に功無ければ、則ち士力は疲敝《ひへい》す。士力疲敝すれば、則ち将は孤にして衆は悖《もと》る。以て守れば則ち固からず、以て戦えば則ち奔北《ほんぼく》す。

是れを老兵と謂う。兵老ゆれば則ち将の威は行われず。将に威無ければ則ち士卒は刑を軽んず。士卒、刑を軽んずれば、則ち軍は伍を失う。軍、伍を失えば、則ち士卒は逃亡す。士卒逃亡すれば、則ち敵は利に乗ず。敵、利に乗ずれば、則ち軍は必ず喪《うしな》う。


そもそも、本営で一軍を統率してその力を保持するのは、将たるものの役割である。前線で敵を打ち破って勝利をかちとるのは、兵士たるものの役割である。したがって、将たるの器量のない者に一軍の統率を任せるような事をしてはならないし、烏合《うごう》の衆に敵を討たせるような事をしてはならない。かりにもし、そういう将兵を戦わせたとしても、城一つ攻めおとすことはできないばかりでなく、村一つ奪いとることさえできないであろう。

このように、その将と兵士が共に無能であれば、一軍の士気は急激に衰えていかざるをえない。一軍の士気が急激に衰えていけば、その将は次第に孤立し、兵士は動揺せざるをえない。また、そんな状態では、固い守りはできず、戦っても総崩れになるだけである。

すなわち、「軍勢が衰える」とはこういう状態を言うのであるが、こうしていったん軍勢が衰えたが最後、その将の威令は完全に行われなくなり、兵士たちは軍法を軽視するようになる。

兵士たちが軍法を軽視するようになれば、一軍はその中心を失ってばらばらに解体しはじめる。一軍が中心を失ってばらばらに解体しはじめれば、兵士たちは続々戦線から離脱するようになる。

兵士たちが、続々戦線から離脱するようになれば、敵はここぞとばかりに攻め寄せてくる。敵がここぞとばかりに攻め寄せてくれば、味方は必ず大敗するにちがいない。

これが、一軍の将と兵士が共に無能であった場合の必然の帰結である。

〈乱将〉道にはずれたやり方をする大将。

〈乖衆〉規律も統一もない群衆。

14

『軍識《ぐんしん》』に曰く、「良将の軍を統《す》ぶるや、己を恕《じょ》にして人を治む」と。恵を推して恩を施さば、士力は日に新なり。戦えば風の発するが如く、攻むれば河の決するが如し。

故に其の衆は望むべくも、当たるべからず。下《くだ》るべくも、勝つべからず。身を以て人に先んず、故に其の兵は天下の雄為り。

『軍識』に曰く、「軍は賞を以て表と為し、罰を以て裏《り》と為す」と。賞罰明かなれば、則ち将の威は行わる。人を官すること得れば、則ち士卒は服す。任ずる所賢なれば、則ち敵国は畏《おそれ》る。

『軍識《ぐんしん》』のなかに、

「良将が一軍を統率しようとする時には、何よりもまず深い思いやりの気持で兵士たちに接して、一日も早く彼らから信頼されるようになるようにと心がけるものである」

という一節がある。

この教訓のように、日頃から部下たちを信愛してかわることがなければ、一軍の士気は日に日に昂揚《こうよう》していくばかりで、決して衰えるようなことはない。まして、ひとたび戦えば疾風のごとく、ひとたび攻めれば洪水のごとく、あっというまもなく敵を圧倒殲滅《せんめつ》してしまう。

おかげで、敵は遠くから眺めるだけで、決して立ち向かってこようとはしない。あるいはひたすら降伏を願うだけで、対等に戦って勝とうなどとは夢にも思わない。

こうしてその軍勢が天下無敵といわれるようになるのも、その将が率先して深い思いやりの気持を兵士たちに示すからである。

『軍識』にはまた、

「軍事においては賞を表とし、罰を裏とする」

という一節がある。

この教訓のように、賞罰が厳正であれば、その将の威令は完全に行われる。まして、適材を適所に任ずれば、兵士たちも服従する。そればかりかその人が賢者であれば、敵国の人々でさえ一目置くようになるものである。

15

『軍識』に曰く、「賢者の適《ゆ》く所は、其の前に敵無し」と。

故に士には下るべくも、驕《おご》るべからず。将には楽しましむべくも、憂えしむべからず。謀《はかりごと》は深かるべくも、疑うべからず。

士、驕れば、則ち下《しも》は順《したが》わず。将憂うれば、則ち内外は相信ぜず。謀疑えば、則ち敵国は奮う。此を以て攻伐すれば、則ち乱を致す。

夫れ将は国家の命なり。将能《よ》く勝を制すれば、則ち国家は安定なり。

『軍識』に曰く、「将は能く清にして能く静、能く平にして能く整なれ。能く諫《いさめ》を受け、能く訟《うったえ》を聴け。能く人を納《い》れ、能く言を採れ。能く国俗を知り、能く山川を図れ。能く険難を表わし、能く軍権を制せ」と。

『軍識《ぐんしん》』のなかに、

「賢者が事を行えば、さながら無人の曠野を行くようなもので、その行手を阻《はば》むことができるような敵はいない」

という一節がある。

だから、ひとたび賢者を一軍の将に任命したら、たとえその君主といえども、その将に対しては謙虚でなければならず、決して驕慢《きょうまん》であってはならない。そればかりか、その将がいつも安心して働けるようにしておかねばならず、決して不安な気持にさせてはならない。その将の計画は慎重に検討しなければならぬが、決して疑ってはならない。

もし、君主がその将に対して驕慢であれば、部下はその命令に従わなくなる。

その将を不安な気持にすれば、国の内外を問わず、その将を信用しなくなる。その将の計画を疑えば、敵国を勇気づけることになる。このような状態で敵に戦いをいどめば、味方はたちまち大混乱に陥るであろう。

そもそも、一軍の将といえば、その国の命運を左右するほどの重職である。なぜなら、とにもかくにもその将が敵国との戦いに勝たなければ、国そのものの安全を保つことさえできぬからである。

そこで『軍讖』には、一軍の将たる者の心得について、次のような一節がある。

「およそ一軍の将たる者は、できうるかぎり清廉潔白で公平無私でなければならない。できうるかぎり人の忠告を受けいれ、訴訟に耳をかさなければならない。できうるかぎり人の意見を取りいれ、善言を取りあげなければならない。できうるかぎりその国の風俗を知り、地理に通暁《つうぎょう》しておかなければならない。また、できうるかぎり地の利をわきまえ、軍権を掌握しておかなければならない」

16

故に曰く、「仁賢の智、聖明の慮、負薪《ふしん》の言、廊廟《ろうびょう》の語、興衰の事は、将の宜《よろ》しく聞くべき所なり。将たる者能く士を思うこと渇するが如くなれば、則ち策は従う」と。

夫れ将、諫《いさめ》を拒《ふせ》げば、則ち英雄は散ず。策従わざれば、則ち謀士は叛《そむ》く。善悪同じければ、則ち功臣は倦む。己を専にすれば、則ち下は咎《とが》を帰す。自ら伐《ほこ》れば、則ち下は功少し。讒《ざん》を信ずれば、則ち衆は心を離す。財を貪《むさぼ》れば、則ち奸は禁ぜられず。内顧すれば、則ち士卒は淫す。

将に一有れば、則ち衆は服せず。二有れば、則ち軍に式《のり》無し。三有れば、則ち下は奔《はし》り北《に》ぐ。四有れば、則ち禍は国に及ぶ。

だから、一軍の将たる者の心得については、

「賢者の智略、聖人の思慮、人民の言葉、政治家の論議、興隆衰亡の事などには、できうるかぎり耳を傾けるべきである。もし、一軍の将たる者が、さながら渇した者が水のことを思うように、部下のことを大切に思っていれば、その策略は思いのままに達成されるであろう」

という一節もある。

そもそも、一軍の将たる者が部下の忠告をきかなければ、たちまち英雄たちは退散してしまう。その献策を重んじなければ、策士たちは離反してしまう。善悪を混同すれば、功臣たちは怠けるようになる。

自分のことばかり考えていれば、部下たちはその失敗を上官のせいにするようになる。自分のことばかり自慢していれば、部下たちはめざましい働きをしなくなる。陰口を信ずれば、部下たちの心は離れていく。

財貨をむさぼれば、部下の不正を防止することができなくなる。妻妾に心を奪われれば、部下たちも女色に淫《いん》するようになる。

以上、八項にわたる心がけのうち、その一つでも怠るようなことがあれば、部下たちはその将に服従しなくなるであろう。まして、その二つを怠るようなことがあれば、軍中の規律は完全に失われてしまうであろう。その三つを怠るようなことがあれば、部下たちは部署を放棄して逃亡してしまうであろう。その四つを怠るようなことがあれば、国の安全を守ることさえおぼつかなくなるであろう。

〈負薪の言〉貧しく身分の低い者の希望。
〈廊廟の語〉宰相たるの器量の持主の意見。

17

『軍讖《ぐんしん》』に曰く、「将の謀は密ならんと欲す。士衆は一ならんと欲す。敵を攻むるには疾《はや》からんと欲す」と。

将の謀、密なれば、則ち奸心は閉《と》ず。士衆、一なれば、則ち軍心は結ぶ。敵を攻むるに疾ければ、則ち備《そなえ》は設くるに及ばず。軍に此の三者有れば、則ち計は奪われず。

将の謀、泄《も》るれば、則ち軍に勢い無し。外《そと》、内《うち》を闚《うかが》えば、則ち禍は制せられず。財、営に入れば、則ち衆奸は会す。将に此の三者有れば、軍は必ず敗る。

将に慮無ければ、則ち謀士は去る。将に勇無ければ、則ち士卒は恐る。将、妄《みだり》に動けば、則ち軍は重からず。将、怒を遷《うつ》せば、則ち一軍は懼《おそ》る。

『軍讖』に曰く、「慮や、勇や、将の重んずる所なり。動や、怒や、将の用うる所なり」と。此の四者は、将の明誡《めいかい》なり。

『軍讖』に曰く、「軍に財無ければ、士は来らず。軍に賞無ければ、士は往《ゆ》かず」と。

『軍讖』に曰く、「香餌《こうじ》の下には、必ず死魚有り。重賞の下には、必ず勇夫有り」と。

故に礼なる者は、士の帰する所なり。賞なる者は、士の死する所なり。其の帰する所に招き、其の死する所を示せば、則ち求むる所の者は至る。

故に礼して後に悔《く》ゆる者には、士は止まらず。賞して後に悔ゆる者には、士は使われず。礼賞して倦まざれば、則ち士は争いて死す。

『軍讖』に曰く、「師を興すの国は、務めて先ず恩を隆《さか》んにす。攻め取るの国は、務めて先ず民を養う」と。

寡《か》を以て衆に勝つ者は、恩なり。弱を以て強に勝つ者は、民なり。故に良将の士を養うや、身に易《か》えず。故に能く三軍をして一心の如くならしむれば、則ち其の勝は全かるべし。

『軍讖《ぐんしん》』のなかには、

「一軍の将たる者の戦略は決して外部にもれるようなことがあってはならない。将兵の気持はぴったり一致していなければならない。敵を攻撃する時は風のように迅速でなければならない」

という一節がある。

一軍の将たる者の戦略が外部にもれなければ、かりにも味方を裏切ろうとするようなよこしまな気持が生じる余地はなくなる。将士の気持が一致していれば、おのずからその一軍の団結も強固なものとなる。敵を攻撃する時に迅速であれば、敵には防備を固めるいとまがなくなってしまう。

すなわち、自軍がこの三つの鉄則を守っていれば、味方の計画が水泡に帰するようなことは決して起こらないであろう。

しかし、もし一軍の将たる者の戦略が外部にもれるようなことがあれば、自軍の戦力はとみに減殺されてしまう。敵が味方の内情を察知しうるようになれば、不測の災いを未然に防ぐことができなくなる。敵の賄賂《わいろ》が軍中にばらまかれれば、多くの裏切者が続出するようになる。

すなわち、一軍の将たる者がこの三つの教訓を守ることができねば、味方は必ず敗北の憂目を見るに至るであろう。

もし、一軍の将たるものに慎重な思慮が欠けていれば、智謀の士から見捨てられてしまう。勇気がなければ、兵士たちまで不安にかられるようになる。軽率に動けば、敵に対するおさえが利かなくなる。いたずらに怒り猛《たけ》れば、部下たちは萎縮してしまう。

すなわち、以上の四点は、一軍の将たる者の最も心しなければならぬ重要な戒めである、といっても決して過言ではない。げんに、ほかならぬ『軍識』のなかにも、

「一軍の将たる者はつねに思慮や勇気を重んじ、妄動や憤怒を慎まなければならない」

という指摘があるくらいである。

『軍識』のなかにはまた、

「軍隊に資金がなければ、立派な兵士は集まらない。俸給が安ければ、優秀な兵士はやってこない」

という一節がある。

「美味《うま》い餌にはどんな魚でも食いつくはずである。同様に、高い俸給を奮発すれば、かならず勇敢な兵士が馳《は》せ参《さん》じてくるはずである」

という一節もある。

これを要するに、すぐれた兵士が集まってくるのは、彼らを手厚く礼遇してくれる所である。また、死をも恐れぬ勇敢な兵士が馳せ参じてくるのは、高い俸給を奮発してくれる所である。だから、すぐれた兵士や勇敢な兵士を招きたいのであれば、彼らをねんごろに礼遇し思いきって俸給を奮発することである。

そうすれば、望みどおりの立派な兵士たちを招くことができるであろう。

しかし、すぐれた兵士は、いくらはじめに手厚く礼遇してくれても、のちにそれを悔いるような将のもとには、決して長居をしようとはしない。また、勇敢な兵士は、いくらはじめに高い俸給を奮発してくれても、のちにそれを悔いるような将のもとには、決して居つこうとはしない。

つまり、一軍の将たる者はつねに変わることなく兵士を手厚く礼遇し、高い俸給を奮発するように心がけていなければならない。

そうすれば、兵士たちは先を争って死地に趣《おもむ》くであろう、というのである。

また、『軍識』のなかには、

「これから戦いを始めようとする国は、まず深い恩情をもって人民に接しておかなければならない。これから敵国を攻め取ろうとする国は、まず十分に人民の力を養っておかなければならない」

という一節がある。

この教訓のとおり、少数にもかかわらず多数に勝つことができるものは、恩情による結合だけである。弱小にもかかわらず強大に勝つことができるものは、人民の底力だけである。

だから、良将が兵士を養成する時には、一身の安危など顧みようとはしない。その結果、全軍が打って一丸となることに成功すれば、完全な勝利をかちとることができるからである。

〈奸心〉おかす気持。みだす気持。＊『小爾和』に曰く「奸、犯也」
〈明誠〉あきらかないましめ。だいじな心得。

18

『軍讖』に曰く、「兵を用うるの要は、必ず先ず敵の情を察し、其の倉庫を視《み》よ。其の粮食《りょうしょく》を度《はか》り、其の強弱を卜《ぼく》せよ。その天地を察し、その空隙《くうげき》を伺《うかが》え」と。

故に国に軍旅の難無くして、粮を運ぶ者は虚なり。民の菜色なる者は窮なり。千里に粮を饋《おく》れば、士に饑色有り。樵蘇《しょうそ》して後に爨《そん》すれば、師は宿飽《しゅくほう》せず。夫れ粮を運ぶこと千里なれば、一年の食無し。二千里なれば、二年の食無し。三千里なれば、三年の食無し。是れを国虚《こくきょ》と謂う。

国虚なれば、則ち民は貧し。民貧しければ、則ち上下は親しからず。敵は其の外を攻め、民は其の内を盗む。是れを必潰《ひっかい》と謂う。

『軍識《ぐんしん》』のなかに、

「兵を動かす時には、まず敵国の内情をさぐり、特に食糧事情に重点をおいて調査せよ。できるだけ正確にその備蓄量を算定して、敵の強弱を判断せよ。また、敵国の地理を十分に研究して、その隙《すき》を狙え」

という一節がある。

たとえば、戦争の最中でもないのに他国から食糧を輸入しているのは、無論、その国に食糧が不足している証拠である。その国の人民の顔色が悪いのも、やはり食糧が欠乏している証拠である。

また、千里の彼方にまで食糧を移送していれば、その国の兵士たちはかならず飢えに苦しんでいるはずである。もし、それほどではなくても、炊事をするのにその都度《つど》薪や枯草を刈り集めねばならないようでは、兵士たちはまだ十分には満腹していないはずである。

いったい、食糧を移送する距離が千里であれば、その国には一年分の食糧が不足していると見てよい。二千里であれば、二年分の食糧が不足しているとみてよい。三千里であれば、三年分の食糧が不足しているとみてよいが、それはもはやその国の食糧が底をついたことを意味しており、世に国虚《こくきょ》というのはそういう状態をさして言うのである。

また、その国の食糧が底をつけば、今度は兵士だけではなく、一般の人民まで飢えに苦しむようになる。しかも、一般の人民まで飢えに苦しむようになれば、それまでの上下の信頼関係など一夜にして失われてしまうだけではない。ここぞとばかりに、国外からは敵が攻め寄せ、国内では人民が荒れ狂って、その国を滅ぼしてしまう。

これを「必潰《ひっかい》」というのである。


〈饑色〉ひもじい様子。

〈樵蘇〉木を切り草を刈ること。＊『漢書音義』に曰く「樵、取レ薪也。蘇、取レ草也」

〈爨〉鼎の沸こうとするさま。

〈宿飽〉夕食を十分にとり、翌朝になってもまだ腹が張っていること。

〈国虚〉国をむなしくすること。国の資材や食糧などを使いはたすこと。

〈必潰〉かならずつぶれる。

19

『軍讖《ぐんしん》』に曰く、「上《かみ》、虐を行えば、則ち下《しも》は急刻なり。賦《ふ》重く斂数《れんしば》しばにして、刑罰、極り無ければ、民は相残賊す。是れを亡国と謂う」と。

『軍讖』に曰く、「内に貪《むさぼ》り外に廉に、誉を詐《いつわ》り名を取る。公を竊《ぬす》みて恩を為し、上下をして昏《くら》からしむ。躬《み》を飾りて顔を正し、以て高官を獲る。是れを盗の端《はじめ》と謂う」と。

『軍讖』に曰く、「群吏朋党して、各々《おのおの》の親しき所を進む。姦枉《かんおう》を招き挙げ、仁賢を抑え挫《くじ》く。公に背《そむ》きて私を立て、同位相訕《そし》る。是れを乱の源と謂う」と。

『軍讖』に曰く、「強宗聚《あつ》まりて姦し、位無きも尊く、威は震わざる無し。葛藟《かつるい》のごとく相連なり、徳を種《う》えて恩を立て、在位の権を奪う。下民を侵し侮《あなど》り、国内譁諠《かけん》するも、臣は蔽《かく》して言わず。是れを乱の根と謂う」と。

『軍讖《ぐんしん》』は、不埒《ふらち》な為政者、高官、役人、貴族などについて、それぞれ次のように戒めている。

「為政者が悪政を行えば、人民は疲弊する。税金が重く、たびたび取り立てられ、また刑罰が厳しすぎれば、人民は道理を失ってしまう。これを亡国と言うのである」

「大臣をはじめとする高官のなかには、みかけは清廉でも実際には貪欲で、不当な名声をむさぼっているものがいる。また、公費をくすねて私恩を売り、上司や部下を煙に巻く者もいる。外見を飾りたて正義面をして、まんまと高い官位を手に入れる者もいるが、世に盗の端《はじめ》というのはこれらの高官どものことを言うのである」

「夥《おびただ》しい役人のなかには、お互いに徒党を組んで、自分に親しい者だけのあと押しをする者がいる。また、悪人を引きたてて、善人をしりぞける者もいる。公私を混同して、同僚の足を引っぱる者もいるが、世に乱の源というのはこれらの役人どものことを言うのである」
「貴族たちのなかには、お互いに馴れあって言いたい放題、位階もないのに尊大で、やたらに威張りくさっている者がいる。また、雑草の蔓《つる》のようにはびこり、悪徳を重ねて私恩を売りつけ、揚句のはてには主君の位を奪いかねないような者もいる。人民をしいたげ、愚弄し、そのために国内が混乱しても、家臣たちが主《あるじ》の横暴をひたかくしにしてくれるのをいいことに、のうのうと安逸《あんいつ》をむさぼっているような者もいるが、世に乱の根というのはこういう貴族どものことを言うのである」

〈急刻〉きびしく、みじめであること。
〈賦〉官府が人民にわりあてて財物を徴収すること。又その財物や租税。
〈斂〉取り集めること。＊『広雅』「釈詁一」に曰く「斂、取也」
〈残賊〉共にそこなう意。又、道義を破ること。
〈姦枉〉姦はよこしま。枉はゆがめる。
〈強宗〉強くさかんな家柄。豪族。
〈葛藟〉葛と藟。葛のような、蔓草の類をいう。
〈讙諠〉かまびすしいこと。

20

『軍識』に曰く、「世世、姦を作《な》して、県官を侵し盗む。進退して便を求め、委曲して文を弄《もてあそ》ぶ。以て其の君を危くする、是れを国姦と謂う」と。

『軍識』に曰く、「吏は多く民は寡《すくな》く、尊卑相若《し》く。強弱相虜《かす》めて、適《まさ》に禁禦《きんぎょ》する莫《な》し。延《ひ》きて君子に及べば、国は其の害を受く」と。

『軍識』に曰く、「善を善として進めず、悪を悪として退けず。賢者は隠蔽《いんぺい》され、不肖は位に在れば、国は其の害を受く」と。

『軍識』に曰く、「枝葉は強大にして、比周は勢に居る。卑賤は貴を陵《しの》ぎ、久しくして益《ます》ます大なり。上《かみ》、廃するに忍びざれば、国は其の敗を受く」と。

『軍識《ぐんしん》』はまた、不徳な高官や役人が国に及ぼす害悪について、次のように戒めている。

「いつでも悪事をたくらんで、部下の地方官を抱きこんでしまう。その出処進退にさいしてはかならず役得を求め、勝手に法律をもてあそんで、自分の都合のいいように運用する。すなわち、こんな事をして、自分の主君の地位を危うくするような者のことを国賊と言うのである」

「人民の数の割には役人が多すぎ、尊卑の区別がはっきりしていない。強者と弱者が互いに敵対していて、その争いを止めようとする者がいない。こうした事態が激化して主君の身にまで及べば、その害悪はついに国を滅ぼすに至るであろう」

「善人を善人として推挙せず、悪人を悪人として追放することをしない。したがって賢者は野に隠れ、愚者が官位を独占する。こうした事態が続けば、その害悪は国を滅ぼすに至るであろう」

「根幹より枝葉の方が強大で、徒党を組んだ小人たちの方が勢いがよい。卑賤なものが尊貴なものの上に立って、時と共にますます増長する。上の者が下の者のこうした事態を改めることができなければ、その害悪は国を滅ぼすに至るであろう」

〈禁禦〉ふせぎとどめること。
〈比周〉比は私心を以てかたより親しむこと。周は公正の道を以て交わり親しむこと。＊用例
「君子周而不レ比、小人比而不レ周」（『論語』）

21

『軍識』に曰く、「佞臣《ねいしん》、上《かみ》に在れば、一軍は皆訟《うった》う。

威を引きて自ら与《ゆる》し、動きて衆に違う。進む無く退く無く、苟然《こうぜん》として容を取る。

専ら自己に任じ、挙措は功に伐《ほこ》る。

盛徳を誹謗《ひぼう》し、庸庸《ようよう》を誣述《ふじゅつ》す。善と無く悪と無く、皆《みな》、己と同じうし、行事を稽《けい》留《りゅう》して、命令は通ぜしめず。苛政《かせい》を造作して、古を変え常を易《か》う。

君、佞人《ねいじん》を用うれば、必ず禍殃《かおう》を受く」と。

『軍識』に曰く、「姦雄、相称して、主の明を障蔽《しょうへい》す。毀誉《きよ》並び興りて、主の聡を壅《よう》塞《そく》す。各々私する所に阿《おもね》りて、主をして忠を失わしむ。

故に主、異言を察すれば、乃ち其の萌《きざし》を観《み》る。主、儒賢を聘《へい》すれば、奸雄は乃ち遷《うつ》る。主、旧歯に任ずれば、万事は乃ち理《おさ》まる。主、巌穴《がんけつ》を聘すれば、士は乃ち実を得。謀ること負薪に及べば、功は乃ち述ぶべし。人心を失わざれば、徳は乃ち洋溢《よういつ》す」と。

『軍識《ぐんしん》』のなかに、

「口先ばかりで無能な佞臣《ねいしん》が上位にいると、全軍の兵士たちが不平を言うようになる。

いったい、そういう無能な佞臣は、いわば虎の威を借る狐であるくせに、自分では一向にそのことを自覚せず、兵士と行動を共にしようとはしない。また、進むでもなく退くでもなく、いたずらに右顧左眄《うこさべん》、いつも気にしているのは外見だけである。そのくせ、自分だけが正しいと思いこみ、たまに小さな手柄でもたてれば、まるで鬼の首でもとったように威張りちらす。

あまつさえ、立派な人物の足をひっぱって、凡庸な人物を引きたてる。事の善悪を問わず、自分の思いどおりにならないと気がすまない。決断力が乏しいので、軍務がとどこおり、肝腎の命令さえ、なかなか兵士たちに伝達しようとはしない。それでいて、やたらに罰則を強化し、平気でこれまでの法律を変えてしまう。もし、このような佞臣を近付ければ、その主君は必ずそれ相応のわざわいを受けるであろう」

という一節がある。さらに、

「腹黒い姦臣どもは、ややもすればお互いに内輪ぼめをして、主君の目をくらまそうとする。またみだりに人をほめたりくさしたりして、主君の耳をふさごうとする。あるいは、自分に都合のいい事だけを大げさに言挙げして、忠臣をしりぞけようとするものである。

したがって、主君がおかしな意見に気をつけていれば、姦臣どものたくらみを予知することができる。また、清廉な賢者を登用すれば、姦臣どもは居たたまれずに退散する。忠実な老臣を大切にすれば、万事はうまく運ぶ。硬骨の隠士を招《しょう》聘《へい》すれば、大きな力を手中にしたことになる。つねに自分の計画を明示して、末端の人民にまでよく分るように心がければ、思いのほか簡単にその計画を成就することができる。

　こうして人民の信頼を失わぬようにすれば、その徳は天下に満ち溢《あふ》れるであろう」

　という一節もある。


〈挙措〉たちいふるまい。

〈盛徳〉すぐれた徳を備えた人物。

〈誹謗〉中傷。悪口。そしること。

〈庸庸〉平凡な者。

〈誣述〉いつわりのべる。

〈禍殃〉病気、天災、事故などの不幸な出来事。＊用例「禍殃を未来に推し遣る外はない」（森鷗外『大塩平八郎』）

〈壅塞〉ふさぐ。ふさがる。

〈巌穴〉世間を離れたところ。転じて、世間から離れて孤高を守っている人。

〈洋溢〉満ちあふれるさま。

中略

1

夫《そ》れ三皇は言無くして、化は四海に流る。故に天下、功を帰する所無し。帝は天を体して地に則《のっと》り、言有り令有りて、天下太平なり。君臣は功を譲り、四海に化は行われ、百姓《ひゃくせい》は其《そ》の然《しか》る所以《ゆえん》を知らず。故に臣をして礼賞を待たずして功有り、美にして害無からしむ。

そもそも、太古の三皇の時代には、ことごとしい命令や法令はなくても、その徳化はあまねく天下に行きわたっていた。だから、それが一体誰のおかげであるのかを、人民は知ることができなかった。その後の五帝の時代には、天地の運行に即した命令や法令によって、天下は太平に治められていた。しかも、君臣はお互いに功績をゆずりあって少しも思いあがることがなかった。

だからこの時代にもやはり君主の徳化は国中に及び、それが誰のおかげであるのかを、人民は知ることができなかった。

また、だからこそ、臣下の者も、報いを求めることなく手柄をたて、骨身を惜しまずに働いて、その国に害を及ぼすようなことは決してしなかったのである。

〈化〉教育。教化。

2

王者は人を制するに道を以《もっ》てす。心を降し、志を服し、矩《く》を設けて衰に備う。

四海は会同して、王職は廃せず。甲兵の備有りと雖《いえど》も、戦闘の患《うれい》無し。君は臣を疑うこと無く、臣は主を疑うこと無し。国は定まり主は安く、臣は義を以て退く。

亦《また》能《よ》く美にして、害無し。

覇《は》者は士を制するに権を以てす。士を結ぶに信を以てし、士を使うに賞を以てす。

信衰うれば則《すなわ》ち士は疏《うと》んじ、賞虧《か》くれば則ち士は命を用いず。


その次の王者の時代には、人民を統制するのに道徳をもってした。つまり、道徳によって人心を教化し、法律を定めて乱世に備えた。

そこで、天下の諸侯はことごとく王者のもとに馳《は》せ参じ、かりそめにも王者の役割をないがしろにするようなことはなかった。軍備は十分であったが、内乱のおそれはなかった。君主は臣下を信頼し、臣下は君主を信頼して疑わなかった。おかげで、国は安定して君主は心安らかであり、臣下はいさぎよく後進に道を譲った。

だから、この時代の臣下もまた、廉潔公正、骨身を惜しまずに働いて、その国に害を及ぼすようなことは決してしなかったのである。

ところが、次の覇者の時代には、臣下を統制するのに権謀をもってした。つまり、朝《あした》は信義によって臣下をがんじがらめにするかと思えば、夕《ゆうべ》は恩賞によって臣下をこき使うという具合であった。

だから、この時代の臣下は、君主の自分への信義が薄れればその君主を見はなし、恩賞が十分でなければ平気でその命令にもそむくようになってしまったのである。


〈矩〉さしがね。法律。＊『爾雅』「釈詁」に曰く「矩、法也」

〈覇者〉天下を征服した者。武力で諸侯を統治する人。

3

『軍勢《ぐんせい》』に曰《いわ》く、「軍を出《い》だし師を行《や》るや、将は自ら専らにするに在り。進退内より御すれば、則ち功は成り難《がた》し」と。

『軍勢』に曰く、「智を使い勇を使い、貪《たん》を使い愚を使う。智者は其の功を立てんことを楽《ねが》い、勇者は其の志を行わんことを好む。貪者はその利に趨《おもむ》かんことを邀《もと》め、愚者は其の死を顧みず。其の至情に因りて之《これ》を用うるは、此《こ》れ軍の微権なり」と。

『軍勢』に曰く、「弁士をして敵の美を談説《だんぜい》せしむる無かれ。其の衆を惑わすが為なり。仁者をして財を主《つかさど》らしむる無かれ。其の多く施して下《しも》に附するが為なり」と。

『軍勢』に曰く、「巫祝《ふしゅく》を禁じて、吏士の為に軍の吉凶を卜《うらな》い問うことを得しめざれ」と。

『軍勢』に曰く、「義士を使うに財を以てせず。故に、義者は不仁者の為に死せず。智者は闇主の為に謀らず」と。

『軍勢《ぐんせい》』という兵法書のなかに、

「一軍の将たる者が兵を動かす場合には、何者にも左右されることなく、みずからの責任において状況を判断し、最後の決定を下さなければならない。もし、主君がいちいちその将の判断や決定に干渉するようであれば、決して勝利をかちうることはできない」

という一節がある。

同書はまた、一軍の将たる者の兵士の用いかたについて、それぞれ次のように戒めている。

「部下の兵士を用いる場合には、彼が智者であるか、勇者であるか、貪者《たんじゃ》であるか、それとも愚者であるかを見分けることが大切である。なぜなら、智者はつねに手柄をたてようと念じ、勇者はその意志を実行しようと望んでいる。貪者は自分の利益を手に入れることを願い、愚者は自分の死を恐れずに奮戦するからである。

そこで、まず彼らの本性をよく見きわめ、しかるのちにこれを十分に生かして用いるのが、一軍の将たる者の最も重要な任務の一つだ」

「陣中では、弁説に長《た》けた人物に、敵の有利な点をしゃべらせてはならない。もし、そんな事を許せば、部下の兵士たちが萎縮してしまうからである。

また、仁愛に富んだ人物に、軍の経理を任せてはならない。もし、そんな事をすれば、むやみに部下に同情して、必要以上の俸給を兵士たちに与えてしまうからである」

「陣中では予言や神託を信ずることを禁じ、兵士のために戦《いくさ》の吉凶を占うようなことを許してはならない」

「正義の士は冷酷な主君のためには死なない。また、智謀の士は暗愚な主君のためには謀らない。

だから、彼らを用いる場合には心からの誠意をもってしなければならない。かりそめにも、金銭ずくで接したりしてはならない」


〈貪〉むさぼること。又は、むさぼる人。

〈巫祝〉神につかえて祭事や神事を掌る者。みこ。かんなぎ。

〈闇主〉おろかな君主。暗君のこと。

4

主は以て徳無かるべからず。徳無ければ則ち臣は叛《そむ》く。以て威無かるべからず。威無ければ則ち権を失う。

臣は以て徳無かるべからず。徳無ければ則ち以て君に事《つか》うる無し。以て威無かるべからず。威無ければ則ち国は弱く、威多ければ則ち身は蹶《つまず》く。故に聖王の世を御するや、盛衰を観《み》、得失を度《はか》りて、之が制を為す。故に諸侯は二師、方伯は三師、天子は六師なり。世乱るれば則ち叛逆は生じ、王沢竭《つ》くれば則ち盟誓して相誅伐《あいちゅうばつ》す。徳同じく勢敵《ひと》しければ、以て相傾くること無し。

乃《すなわ》ち英雄の心を攬《と》りて、衆と好悪《こうお》を同じくし、然る後に之に加うるに権変を以てす。故に計策に非《あら》ざれば、以て嫌を決め疑を定むること無し。譎奇《けっき》に非ざれば、以て姦を破り寇《こう》を息《や》むること無し。陰計《いんけい》に非ざれば、以て功を成すこと無し。


いったい、主君には人徳がなければならない。もし、人徳がなければ、臣下は次第に離反していく。また、威厳がなければならない。もし、威厳がなければ、たちまち権力を失ってしまう。

同様に、臣下にも人徳がなければならない。もし、人徳がなければ、心から主君に仕えることができない。また、威厳がなければならない。もし、威厳がなければ、国力を低下させることになる。

ただし、これも程度問題であって、臣下にあまり威厳がありすぎると、かえって身を危うくするような事が起こる。

そこで、聖王は世を治めるにさいして、その時代の盛衰を見きわめ、損得を計量して、君臣の間の秩序を維持するための制度を創設した。諸侯は二軍を保有する、諸侯の長は三軍を保有し、天子は六軍を保有する、というとりきめがそれである。

要するに、敵と味方の声望と兵力が伯仲していれば、お互いに攻撃をしかけようとはしないであろう。しかし、ひとたび世の中が乱れてそれまでの均衡が破れれば、かならず反乱が起こるであろうし、主君の恩沢がなくなれば、諸侯は同盟して相争いはじめるであろう。

したがって、主君たる者は日頃からすぐれた勇将の心を収攬《しゅうらん》し、兵士たちが何を望み何を嫌っているかをよく見きわめたうえで、たくみに臨機応変の策略を駆使しなければならない。

にもかかわらず、その主君に妙策がなければ、敵の不正を糾弾することはできない。奇策がなければ、敵の侵入を撃退することはできない。秘策がなければ、輝かしい戦果を挙げることはできない。


〈方伯〉後漢以後は刺史を、唐では采訪使・観察使を、明・清では布政使を方伯と称した。但し、ここでは諸侯の長の意。

〈王沢〉君のめぐみ。天子の善政。＊用例「王沢竭而詩不レ作」（『班固』「南都賦序」）

〈譎奇〉思いがけない考え。

〈陰計〉秘密のはかりごと。

5

聖人は天を体し、賢人は地に法《のっと》り、智者は古《いにしえ》を師とす。是《ここ》の故に、『三略』は衰世の為に作る。

「上略」は礼賞を設け、奸雄《かんゆう》を別ち、成敗を著わす。「中略」は徳行を差し、権変を審《つまびら》かにす。「下略」は道徳を陳《の》べ、安危を察し、賢を賊《そこな》うの咎《とが》を明かにす。故に人主、深く「上略」を暁《さと》れば、則ち能く賢を任じて敵を擒《とりこ》にす。深く「中略」を暁れば、則ち能く将を御して衆を統《す》ぶ。深く「下略」を暁れば、則ち能く盛衰の源を明かにして、治国の紀を審かにす。人臣、深く「中略」を暁れば、則ち能く功を全くして身を保つ。

聖人は天の道を体現し、賢者は地の道を手本とし、智者は以上のような古代の聖賢を師表として景仰《けいこう》する。だから、彼らが健在であった時代にはあまねく善政が行われ、人民は安んじてそれぞれの仕事にいそしむことができた。

しかるに、現代には聖賢もいなければ智者もいず、従って善政が行われているわけでもない。そこで、現代のような〈衰世〉に生きなければならない人民のために、この『三略』が著わされたのである。

ちなみに、その内容は、「上略」「中略」「下略」の三部によって構成されている。すなわち、『三略』と称する所以《ゆえん》であるが、このうちの「上略」は、立派な人物を招くには手厚い礼遇と恩賞が必要であるということ、おびただしい家臣たちの間から逸早く腹黒い連中を見抜いて、これを排除せねばならないということ、部下の賞罰を行うさいには、できうるかぎり厳正確実でなければならないということなどを力説している。

また「中略」は、太古の三皇五帝から王者や覇者にいたる各時代の徳行について、あるいは、事を成就するためには臨機応変の戦略がいかに重要であるかということなどを詳説している。

「下略」は、天下に太平をもたらすためには道徳が不可欠であるということ、逸早く自分を含めた状況の安危を見きわめねばならないということ、賢者を失うのがいかに大きな損失であるかということなどを詳細に敷衍《ふえん》している。

だから、いやしくも人の上に立つ者が「上略」の真髄に通暁すれば、うまく賢者を重用して、敵を打ち負かすことができるであろう。

また、「中略」の真髄に通暁すれば、たくみに将軍を制御して、部下を統率することができるであろう。

「下略」に通暁すれば、はっきり国の盛衰の根因を突きとめて、治国平天下の原理を解明することができるであろう。

同様に、臣下たる者が「中略」の真髄に通暁すれば、必ずやめざましい手柄をたてて、その一身を全《まっと》うすることができるであろう。

6

夫れ高鳥死して、良弓蔵《かく》る。敵国滅びて、謀臣亡ぶ。亡ぶとは、其の身を喪《うしな》うに非ざるなり。其の威を奪いて、其の権を廃するを謂《い》うなり。之を朝《ちょう》に封じ、人臣の位を極めて、以て其の功を顕わしむ。中州善国、以て其の家を富ましむ。美色珍玩、以て其の心を悦ばしむ。

夫れ人衆、一たび合えば、卒《にわ》かには離すべからず。権威、一たび与うれば、卒かには移すべからず。師を還し軍を罷《や》むるは、存亡の階《かい》なり。

故に之を弱むるに位を以てし、之を奪うに国を以てす。是《こ》れを覇者の略と謂う。故に覇者の作《おこ》るや、其の論は駮《ばく》なり。社稷《しゃしょく》を存して、英雄を羅《あみ》する者は、「中略」の勢なり。故に勢主は焉《これ》を秘す。

そもそも、それがいかに良い弓であったからといって、空高く飛ぶ鳥を射落としてしまえば、もはや用済みの武器として片づけられるという運命を免れるわけにはいかない。同様に、彼がいくらすぐれた軍師であったからといって、敵国を滅ぼしてしまえば、もはや無用の長物として抹殺されるという運命を免れるわけにはいかない。

もっとも、「無用の長物として抹殺される」と言っても、この場合は彼の生命が抹殺されるという意味ではない。主君がこれまで彼に付託していた権力を取りあげてしまう、という意味である。

それにはまず、彼を朝廷に迎えて手厚く優遇し、臣下の中でも最高の地位に任命して、その功績を顕彰しなければならない。次に、豊かな領地を与えて、その一家を富裕にしなければならない。さらに、美女や珍しい器物を贈って、その心を満足させなければならない。

要するに、いったん戦いのために団結した将兵の心を、戦いがすんだからといって急に引き離すのは、容易なことではない。同様に、いったん戦いのために将兵に付託した権力を、戦いがすんだからといって急に取りあげるのも、容易なことではない。いや、むしろ、故国に凱旋《がいせん》した軍隊の武装を解除する時にこそ、国家存亡の真の危機がくる、と言ってもいい位である。

そこで、先にも述べた通り、高い地位に任命して彼らの団結を弱め、豊かな領地を与えて、その権力を取りあげる必要が生じてくるのであるが、こうしたやり方を称して覇者の策略という。つまり、天下に覇を唱《とな》えるためには、時と場合に応じて、臨機応変の策略を用いなければならない。

とかく覇者についての論議が複雑にならざるをえないのはこのためであるが、ひとたび「中略」の真髄に通暁すれば、その国の安寧《あんねい》を維持し、英雄たちを手足のように用いることも、さして難事ではない。

すなわち、人の上に立つ者が、なによりもこの「中略」を珍重する所以《ゆえん》である。

〈駁〉まだら。まじる。かたよる。

〈社稷〉社は土地の神、稷は五穀の神。君主が居城を築く時は、この二神を王宮の右に祭り、宗廟を左に祭り、君を社稷の主とし、国家存すれば社稷の祭行われ、亡べば廃せられることから、転じて国家のことをいう。

〈勢主〉すぐれた主人。深い智恵の持主。

下略

1

夫《そ》れ能《よ》く天下の危《あやう》きを扶《たす》くる者は、則《すなわ》ち天下の安きに拠《よ》る。能く天下の憂《うれい》を除く者は、則ち天下の楽しみを享《う》く。能く天下の禍《わざわい》を救う者は、則ち天下の福《さいわい》を獲《う》。故に沢《たく》、民に及べば、則ち賢人は之《これ》に帰し、沢、昆虫に及べば、則ち聖人は之に帰す。

賢人の帰する所は、則ち其《そ》の国は強し。聖人の帰する所は、則ち六合は同じ。

賢を求むるに徳を以《もっ》てし、聖を致すに道を以てす。

賢去れば、則ち国は微に、聖去れば、則ち国は乖《そむ》く。

微なる者は危の階《きざし》にして、乖《かい》なる者は亡の徴《しるし》なり。

そもそも、君主として天下の安全を保つ資格があるのは、その国の危機を助けることのできる人物である。同様に、君主として天下の太平を楽しむ資格があるのは、その国の憂患《ゆうかん》を除くことのできる人物である。さらに、君主として天下の祝福を受ける資格があるのは、その国の不幸を救うことのできる人物である。

そこで、そうした君主の恩沢があまねく人民の間に行きわたれば、賢人も喜んでそのもとに馳《は》せ参じるであろう。また、鳥やけものの間にまで行きわたれば、聖人も喜んでそのもとに馳せ参じるであろう。

しかも、賢人が喜んで馳せ参ずるような国は、いつまでも強大な力を保つことができる。また、聖人が喜んで馳せ参ずるような国は、かならず天下を統一することができる。

ただ、賢人を求めるためには、その君主に人徳がなければならない。聖人を招くためには、その君主に道徳がなければならない。

したがって、賢人が去れば、その国は衰微する。その国の君主に人徳がないからである。また、聖人が去れば、その国は混乱する。その国の君主に道徳がないからである。

すなわち、前者は国家の危機の前兆にほかならず、後者は滅亡の徴候にほかならない。

〈沢〉めぐみ。なさけ。＊用例「沢潤㆓生民㆒」（『書』「畢命」）

2

賢人の政《まつりごと》は、人に降《くだ》るに体《たい》を以てす。聖人の政は、人に降るに心を以てす。

体もて降るは以て始めを図るべく、心もて降るは以て終りを保つべし。

体を降すに礼を以てし、心を降すに楽《がく》を以てす。

所謂《いわゆる》楽なる者は、金石糸竹に非《あら》ざるなり。人の其の家を楽しむを謂《い》い、人の其の族を楽しむを謂う。人の其の業を楽しむを謂い、人の其の都邑《とゆう》を楽しむを謂う。人の其の政令を楽しむを謂い、人の其の道徳を楽しむを謂う。

此《かく》の如《ごと》くにして人に君たる者は、乃《すなわ》ち楽を作りて以て之を節し、其の和を失わざらしむ。

故に有徳の君は、楽を以て人を楽しましめ、無徳の君は、楽を以て身を楽しましむ。人を楽しましむる者は、久しくして長し。身を楽しましむる者は、久しからずして亡ぶ。


賢者が政治を行う場合には、骨身を惜しまずに働いて、人民に奉仕する。聖人が政治を行う場合には、智能の限りを尽くして、人民に奉仕する。

このように、骨身を惜しまずに働けば、天下の太平をもたらすことができるであろう。智能の限りを尽くせば、天下の太平を全《まっと》うすることができるであろう。ひいては、四海波おだやかに天下を治めることができるであろう。

もっとも、「骨身を惜しまずに働く」と言っても、礼法にしたがって働くことが大切で、むやみに肉体を酷使すればそれでいいという訳ではない。また、「智能の限りを尽くす」と言っても、楽法にしたがって尽くすことが大切で、やたらに精神を酷使すればそれでいいという訳ではない。

さて、ここでいわゆる「礼楽」とは一体なにか。それは打楽器や弦楽器による音楽のことではなく、人民がその家庭や親族の親和を楽しむことを言う。また、人民がその仕事や郷土に愛着を持つことを言い、その政令や道徳に欣然《きんぜん》としたがうことを言うのである。

そこで、およそ人の上に立つ者は、以上のごとく、まず人民を楽しませてその調和を図り、永く天下の太平を維持するように心がけねばならない。

要するに、明君は礼楽によって人民を楽しませるが、暗君は自分が楽しむだけである。

その結果、前者は長くその地位を保つことができるが、後者はまもなくその地位を失って自滅してしまう、といっても過言ではない。

〈金石糸竹〉楽器、又は、音律の名。八音の四、鐘（金）・磬（石）・琴瑟（糸）・簫管（竹）をいう。

3

近きを釈《す》てて遠きを謀る者は、労するも功無し。遠きを釈てて近きを謀る者は、佚《いっ》して終有り。

佚政には忠臣多く、労政には怨民多し。

故に曰《いわ》く、「地を広めんと務むる者は荒《すさ》み、徳を広めんと務むる者は強し。能く其の有を有する者は安く、人の有を貪《むさぼ》る者は残《そこな》う」と。

残滅の政は、累世患《うれい》を受く。造作、制に過ぐれば、成すと雖《いえど》も必ず敗る。

己を舎《す》てて人を教うる者は逆にして、己を正して人を化す者は順なり。逆は乱を招き、順は治《ち》の要なり。

身近なことよりも遠くのことに力を注いでいる人は、その苦労の割には報いられることが少ない。その反対に、遠くのことよりも身近なことに力を注いでいる人は、思いのほか容易に所期の目的を達成することができる。

ましして、前者のような政策を実行すれば、どうしても無理が国内に皺《しわ》寄せされるから、その君主を怨《うら》む人民が多くなる。ところが、後者のような政策を実行すれば、国内の調和が保てるから、いっそうその君主を扶《たす》けようとする忠臣が輩出する。したがって、

「自分の領土の拡張に狂奔する君主は、結局、その国を荒廃させてしまうが、徳をもって天下に臨もうとする君主は、よくその国を強大にすることができる。これをもってしても、自分の所有物である限り、それをどうしようがさしたる面倒は起こらぬものの、他人の所有物を奪うのがいかに無謀な暴挙であるかは明らかであろう」

と言うのである。

すなわち、他人の所有物を奪うような政治を行えば、かならずや孫子《まごこ》の代までその報いを受けて苦しまねばならぬであろう。また、その政策が過度に厳酷で侵略的であれば、一時的には成功したとしても、最終的にはかならず失敗するであ

ろう。

そこで、人の上に立つ者は、まず自分を正して、しかる後に他人を教化するようにしなければならない。かりそめにも、自分のことは棚にあげて、臆面もなく他人を教化しようなどと思ってはならない。前者は平和の中核になることができるが、後者は動乱の引金になりはててしまうからである。

〈残滅の政〉ほろぼしつくすような政治。
〈造作、制に過ぐれば…〉造作は物をつくること。「制に過ぐれば…」は、おさえつけすぎると…の意。

4

道・徳・仁・義・礼、五つのものは一体なり。道は人の踏む所なり。徳は人の得る所なり。仁は人の親しむ所なり。義は人の宜しき所なり。礼は人の体する所なり。一《いっ》も無かるべからず。

故に夙《つと》に興《お》き夜《よわ》に寐《い》ぬるは、礼の制なり。賊を討ちて讐《あだ》に報ゆるは、義の決なり。惻隠《そくいん》の心は、仁の発なり。己に得て人に得るは、徳の路なり。人をして均平にして其の所を失わざらしむるは、道の化なり。

君より出《い》でて臣に下るを、名づけて命と曰《い》う。竹帛《ちくはく》に施すを、名づけて令と曰う。奉じて之を行うを、名づけて政と曰う。夫れ命失えば、則ち令は行われず。令行われざれば、則ち政は立たず。政立たざれば、則ち道は通ぜず。道通ぜざれば、則ち邪臣は勝つ。邪臣勝てば、則ち主の威は傷《やぶ》る。


道・徳・仁・義・礼の五つの徳目は、本来一体を成していて、どの一つを切り離すこともできないが、このうちの道とは、人が自然に履行できる徳目のことである。また、徳とは、自然に充足できる徳目のことである。仁とは、自然に親愛できる徳目のことである。義とは、自然に志向できる徳目のことである。礼とは、自然に体得しうる徳目のことであって、以上のうちの一つだけでも欠けていてはならない。

たとえば、朝目をさまして夜眠るのは、礼の働きである。賊を討ってその暴虐をこらしめるのは、義の働きである。他人に対して思いやりの気持をいだくのは、仁の働きである。自分が望むことを他人に施すのは、徳の働きである。わけへだてなく他人を尊重するのは、道の働きである。

ところで、君主が臣下にあたえる指令のことを〈命〉という。また、これを文書に記録したものを〈令〉という。さらに、これを天下に施行することを〈政〉というのであるが、そもそもその君主の〈命〉が正しくなければ、〈令〉としては記録されない。〈令〉として記録されなければ、〈政〉として施行されることもない。〈政〉として施行されなければ、道が貫かれることもない。道が貫かれなければ、姦臣がのさばる。姦臣がのさばりだせば、君主としての威信はそこなわれてしまう。

だから、人の上に立つ者は、なによりもまず道・徳・仁・義・礼の五つの徳目を身につけて、自分を正すことが大切なのである。

〈夙〉朝まだき。早くから。

〈惻隠〉あわれみいたむこと。孟子のいわゆる四端――仁・義・礼・智の一つ、仁のいとぐちの気持。

〈均平〉平らかで公平であること。又、平和であること。

〈竹帛〉竹簡と絵絹。昔は紙がなく、竹帛に文字を書いたことから、転じて、書物、あるいは歴史のことをいう。

5

千里にして賢を迎うるや、其の路は遠し。不肖を致すや、其の路は近し。是《ここ》を以て明君は近きを舎《す》てて遠きを取る。故に能く功を全くす。人を尚《たっと》べば、而《すなわ》ち下は力を尽くす。一善を廃すれば、則ち衆善は衰う。一悪を賞すれば、則ち衆悪は帰す。

善なる者は其の祐《さいわい》を得、悪なる者は其の誅《ちゅう》を受くれば、則ち国は安くして、衆善は至る。衆疑えば定まれる国無く、衆惑えば治まれる民無し。疑定まり惑《まどい》還りて、国は乃ち安かるべし。一令逆えば、則ち百令は失う。一悪施せば、則ち百悪は結ぶ。

故に善もて順民に施し、悪もて凶民に加うれば、則ち令は行われて怨《うらみ》無し。怨をして怨を治めしむるを、是れ天に逆うと謂う。讐《あだ》をして讐を治めしむれば、其の禍《わざわい》は救われず。

民を治めて平《たいらか》ならしめ、平なるを致すに清を以てすれば、則ち民は其の所を得て、天下寧《やす》し。

凡庸な人物はどこにでもたくさんいるが、賢者は滅多にいない。にもかかわらず、およそ明君といわれるような君主は、近くに凡庸な人物を求めるの易きに就こうとはせず、必ず千里の彼方にまで使者を派遣して、賢者を招こうとつとめるものである。また、だからこそ、彼らの智恵を借りてめざましい業績をあげることができるのである。

しかも、こんなふうに人の上に立つ者が賢者を大切にすれば、他の臣下もおのずから全力を尽くすようになる。

しかし、もし一人でも善人を見捨てるようなことをすれば、多くの善人はやる気をなくして萎縮してしまうであろう。また、一人でも悪人を誉めるようなことをすれば、多くの悪人が勢いをえて群がり集まってくるであろう。

すなわち、善人がそれ相応の優遇を受け、悪人がそれ相応の処罰を受けるようであれば、その国は安泰で、おのずから多くの善人が慕い寄ってくる。

しかし、もし君主の言行に人民が疑いの目を向けるようになれば、その国は不安定になり、君主の言行に人民がとまどいの色をみせるようになれば、その国は混乱しはじめる。

それでも、君主が間髪を入れずこうした人民の疑惑を取り除けば、その国にはふたたび平和が蘇ってくるであろう。

しかし、もし一つでも君主の命令に誤りがあれば、たちまち百の命令が遂行されなくなってしまう。また、悪人を一人でも甘やかせば、即座に多くの悪人が結託して悪事を企むようになる。

したがって、順良な人民にはかならず恩賞を与え、凶悪な人民にはかならず刑罰を加えるようにすれば、その命令は確実に実行され、その君主を怨むような者はいなくなるであろう。

しかし、もし人民に怨まれている君主がその君主を怨んでいる当の人民を治めるなどということがあれば、それは文字通り天に逆らった所業だ、と言われても仕方があるまい。また、人民の敵と思われている君主がそう思っている当の人民を治めるなどということがあれば、どんな騒ぎが起こるか知れたものではない。

要するに、人の上に立つ者は、まず自分の身辺を清潔にし、しかる後にわけへだてなく人民を遇することを、片時もゆるがせにしてはならない。そうすれば、人民は安んじてその仕事にいそしみ、その国にはゆるぎのない平和が確立されるであろう。

〈不肖を致す〉不才の人を求める。凡庸な人物を招く。

6

上《かみ》を犯す者もて尊び、貪鄙《たんぴ》なる者もて富まさば、聖王有りと雖も、其の治を致す能《あた》わず。上を犯す者を誅し、貪鄙なる者を拘《こう》せば、則ち化は行われて、衆悪は消えん。清白の士は、爵禄を以て得べからず。節義の士は、威刑を以て脅かすべからず。故に明君の賢を求めんとするや、必ず其の以てする所を観《み》て、焉《これ》を致す。清白の士を致さんとするや、其の礼を修む。節義の士を致さんとするや、其の道を修む。然る後に士は致すべくして、名は保つべし。

夫れ聖人君子は、盛衰の源《みなもと》を明かにして、成敗の端に通ず。治乱の機を審《つまびら》かにして、去就の節を知る。窮すと雖も亡国の位に処《お》らず、貧しと雖も乱邦の粟《ぞく》を食《は》まず。名を潜めて道を抱く者は、時至りて動けば、則ち人臣の位を極む。徳、己に合えば、則ち殊絶《しゅぜつ》の功を建つ。

故に其の道は高くして、名は後世に揚がる。

君主をないがしろにするような者を尊重し、貪欲な者を厚遇したりすれば、かりにその君主がどんな聖王であったとしても、国を治めることはできない。しかし、君主をないがしろにする者には仮借《かしゃく》なく誅罰《ちゅうばつ》を与え、貪欲な者は拘禁するようにすれば、君徳はあまねく国中にゆきわたって、さまざまな悪事は根だやしにされてしまうであろう。

それでは、清廉潔白の士や忠節信義の士を招くには、どうすればいいかというに、前者を爵位や俸禄でひきつけることはできない。また、後者を法律や刑罰でおどすこともできない。

だから、明君が賢者を求めようとする時には、かならずその平素の人柄や言動をよく観察して、それぞれにふさわしい招き方をするのである。

たとえば、清廉潔白の士の場合には、礼を尽くして招聘《しょうへい》する。忠節信義の士の場合には、道にのっとって招聘する。

そうしてはじめて賢者の招聘に成功し、名君としての声望を維持することができるのである。

そもそも、聖人とか君子とか言われるような人物は、物事の隆盛と衰亡の起源をよくわきまえ、成功と失敗の理由をよく知っているものである。また、平和と戦争の条件をよくわきまえ、就任と退去の時機をよく知っているものである。

そこで、彼らはたとえ窮迫していても、亡国の官位にとどまろうとはしない。また、貧乏であっても、乱国の俸禄を受けることを潔しとせず、堅く志操を守って山野に隠れてしまう。

しかし、ひとたび彼らの理想が認められるような時が来て、君主の考えと一致すれば、彼らは水を得た魚のように奮闘する。高位に就いて君主を扶《たす》け、かならず桁《けた》はずれの業績を挙げる。

すなわち、後世の人々が聖賢の道を敬仰し、彼らの名を語り継いできた所以《ゆえん》である。

〈清白の士〉清廉潔白な人物。きよらかでいさぎよい人。
〈節義の士〉節操があって、道義を重んじる人物。

〈殊絶の功〉想像することもできぬような大てがら。

7

聖王の兵を用うるは、之を楽しむに非ざるなり。将《まさ》に以て暴を誅《ちゅう》し乱を討たんとするなり。

夫れ義を以て不義を誅するは、江河を決して、爝火《しゃくか》に漑《そそ》ぎ、不測に臨みて、堕《お》ちんと欲するを擠《お》すが若《ごと》し。其の克つや必せり。優游恬淡《ゆうゆうてんたん》にして進まざる所以《ゆえん》の者は、人物を傷《そこな》うを重《はばか》ればなり。

夫れ兵は不祥の器にして、天道は之を悪《にく》む。已《や》むを得ずして之を用うるは、是《こ》れ天道なり。

夫れ人の道に在るは、魚の水に在るが若し。水を得て生き、水を失いて死す。

故に君子は常に懼《おそ》れて、道を失うことを敢《あえ》てせず。豪傑、職を秉《と》れば、国の威は乃ち弱る。殺生、豪傑に在れば、国の勢は乃ち竭《つ》く。豪傑、首を低《た》るれば、国は乃ち久しかるべし。殺生、君に在れば、国は乃ち安かるべし。

四民の用、虚なれば、国は乃ち儲《ちょ》無し。四民の用、足れば、国は乃ち安楽なり。

聖王が武器を用いるのは、戦《いくさ》が好きだからではない。文字どおり、暴君に天《てん》誅《ちゅう》を加え、乱臣を討伐するためである。

また、正義によって不義を討つのは、ちょうど長江や黄河の水を決潰《けっかい》させて松《たい》明《まつ》の火に注いだり、千尋《せんじん》の谷を覗きこんでいる者を突きおとしたりするようなものので、そんなに難しいことではない。というよりは、かならず勝利をうることができるのである。

にもかかわらず、そういう場合の聖王がゆっくり落ちついていて、あまり性急に兵を進めようとはしないのは、敵味方に無用の損害を及ぼすことをおそれるからである。

元来、武器というものは相手を殺傷するための道具だから、天道とは相容《あいい》れない。天道はただ、万やむをえない時に限ってこれを使うことを認めているだけである。

ましで、人と天道との関係は、魚と水との関係によく似ている。魚は水があるからこそ生きながらえることができるが、水がなくなればたちどころに死んでしまう。同様に、人も天道があるからこそ生きながらえることができるが、天道がなくなれば一日たりとも生きていくことはできない。

だから、君子は常に身を慎んで、かりにも天道にもとるような事に手を出そうとはしないが、権臣たちが天道を無視して、みだりに官職を奪いあうような事をすれば、その国の力はたちまち衰えてしまう。まして、生殺与奪《せいさつよだつ》の権を握るようになれば、その国の勢いはあっというまもなく失われてしまう。

その反対に、権臣たちが首を縮めておとなしくしていれば、その国はながい間存続することができるであろう。まして、生殺与奪の権が君主の手中にあれば、その国はながい間平和を維持することができるであろう。

また、人民の日常に必要な物が欠乏していれば、その国の物資の備蓄が底をついた証拠である。しかし、それが十分であれば、その国は万事うまくいっている、といっても過言ではない。

〈爝火〉炬火。たいまつの火。

〈天道〉天の道理。自然の法則。＊用例「誠者天之道也」（『中庸』）

8

賢臣、内なれば、則ち邪臣は外なり。邪臣、内なれば、則ち賢臣は斃《たお》る。内外、宜しきを失えば、禍乱は世に伝わる。

大臣、主を疑えば、衆姦は集聚《しゅうしゅう》す。臣、君《きみ》の尊に当たれば、上下は乃ち昏《くら》し。君、臣の処に当たれば、上下は序を失う。

賢を傷う者は、殃《わざわい》は三世に及ぶ。賢を蔽《おお》う者は、身は其の害を受く。賢を嫉《ねた》む者は、其の名は全からず。賢を進むる者は、福は子孫に流る。故に君子は賢を進むるに急にして、美名彰《あらわ》る。

一を利して百を害すれば、民は城郭を去る。一を利して万を害すれば、国は乃ち散ぜんことを思う。

一を去りて百を利すれば、人は乃ち沢を慕う。一を去りて万を利すれば、政は乃ち乱れず。

賢臣が政権の中枢にいれば、奸臣の影は自然に薄くなるものである。その反対に、奸臣が政権の中枢にいれば、賢臣は自然に打ち倒されるものである。だから、後者のように、賢臣と奸臣のあるべき関係が逆転すれば、その国ははてしのない混乱に陥ってしまう。

その揚句、大臣が君主を疑うようになれば、多くの腹黒い臣下たちが徒党を組みはじめる。また、臣下が君主の権威を犯すようになれば、上下の関係が曖昧なものになってしまう。君主が臣下の地位に甘んじるようになれば、上下の秩序は失われてしまう。

ただし、賢者を中傷する者は、必ずその子孫にまで不幸が及ぶ。賢者をないがしろにする者は、その身に危害を受ける。賢者を嫉《ねた》む者は、その名を全《まっと》うすることができない。賢者を推挙するものは、福が子孫にまで及ぶ。

そこで、君子は一心に賢者を推挙して、世間に称賛されるように努めるのである。

要するに、一利のために百害を生じるような事をすれば、人民はその町から逃げだすであろう。まして、一利のために万害を生じるような事をすれば、その国はたちまち滅亡に瀕するであろう。

その反対に、一害を取り除いて百利を生じるようにすれば、人民はおのずからその君徳を慕うようになるであろう。まして、一害を取り除いて万利を生じるようにすれば、その国は決して乱れることなく、豊かな安定を維持することができるであろう。

〈衆姦〉腹黒い連中。
〈集聚〉寄り集まること。

訳者解説

眞鍋 呉夫

古代中国における春秋・戦国時代が、諸侯による兼併《けんぺい》と大国の争覇の歴史であったことは、よく知られている。

その約五百年にわたる争覇戦がいかに激しいものであったか。それは、春秋初期には百三十一カ国にも及んでいた小都市国家が、その末期には秦《しん》・楚《そ》・斉《せい》・燕《えん》・韓《かん》・魏《ぎ》・趙《ちょう》のわずか七カ国に淘汰されてしまったという一事だけでも容易に想像できようが、この間の激闘をさらに促進したものは、おそらく春秋末期の鞴《ふいご》の発明による冶金技術の飛躍的な進歩であったろう。

二頭ないし四頭の馬にひかせた二輪車に、弓と青銅製の矛を手にした三人の将が乗り、そのあとに二十人前後の兵士が続く。これが、それまでの戦闘における彼我の部隊編成の基本的な単位であった。

ところが、産出量の多い鉄製の兵器の出現は、張力百キロ余、射程距離二百メートル余に及ぶ弩《いしゆみ》や騎兵の導入と相俟《ま》って、たちまち前記のような戦闘法を過去の遺物と化し去ってしまい、戦いそのものの性格、規模、速度などを、それまでとは比較にならぬほど熾《し》烈《れつ》なものへと一変させてしまったのである。

一方、冶金技術の飛躍的な進歩は、農耕生産の能率をも画期的に増大させずにはおかなかった。

その結果、剰余生産物の交換が商業に生長し、手工業の発達をうながして、雨後の竹の子のように大小の地方都市が形成される。すなわち、それまでは宗主的な血縁共同体に隷属せざるをえなかった民衆が、はじめて個人として生活し、創意を発揮し、自由に発言しうる諸子百家の時代が到来したのである。

そういう意味では、中国における春秋および戦国時代は、まさに血で血を洗う戦乱の時代であったと同時に、その苛酷な乱世をいかに生きるか、なかば強いられてその理念を体系化せざるをえなかった多様な個性が相ついで輩出し、それぞれの主張を競いあった疾風怒濤の転換期であった、といっても過言ではない。

げんに、兵法の分野でも、その始祖といわれる斉の孫武《そんぶ》（『孫子《そんし》』の撰者）は春秋末期に登場している。衛《えい》の呉起《ごき》（『呉子《ごし》』の撰者）は戦国の初期に、斉の孫臏《そんぴん》は末期に活躍している。また、古くは兵経と称され、宋代以降は武経と称されたおびただしい兵書の大部分も、ほぼこの前後の経験にもとづいて撰録されているのである。

『三略《さんりゃく》』は古来、これらのおびただしい兵書の中でも、『孫子』『呉子』『司馬法《しばほう》』『尉繚子《うつりょうし》』『六韜《りくとう》』『李衛公問対《りえいこうもんたい》』と共に〈武経七書〉のうちの一書に選ばれて広く巷間に流布されてきたが、その撰者や成立の時期についてはいくつかの異説がある。

たとえば、『三略』という書名の初出書である『隋書』「経籍志」、あるいは『唐書《とうじょ》』「芸文志《げいもんし》」や『宋史』「芸文志」などは、「黄石公《こうせきこう》三巻、下邳《かひ》神人撰《しんじんのせん》」――つまり、『三略』は黄石公が下邳（江蘇省）の圯上《いじょう》で張良に授けたものだという。『李衛公問対《りえいこうもんたい》』は、「張良ノ学ビシ所ハ太公ノ『六韜』オヨビ『三略』ナリ」という。

また、宋の張商英は黄石公の『素書』に注記して、「晋《しん》の乱の時に盗賊が張良の墓をあばいてその中からとりだしたもので、これこそ張良が黄石公から授けられたという兵書にほかならぬ」というが、これらの注記は無論、『史記』の「留侯世家《りゅうこうせいか》」のなかの次のような記述に拠ったものであろう。

「後に卓抜な戦術家として天下にその名を知られるようになった張良は、もと秦に滅ぼされた韓の宰相の遺児であった。彼がまだ血気さかんな無名の若者だった頃のことである。かねがね始皇帝を暗殺して父母の怨みをはらそうとその動静をうかがっていたところへ、ひょっこり耳よりな噂が伝わってきた。二度目の東方巡幸のため、始皇帝の一行が秦都咸陽《かんよう》を出発した、というのである。

そこで、張良は一行を博浪沙《はくろうさ》（河南省）で待伏せし、東夷《とうい》の力士をして重さ百二十斤《きん》

（七十二キロ）におよぶ大鉄槌を始皇帝の鹵簿《ろぼ》に投ぜしめた。ところが、残念なことに、その大鉄槌はわずかに目標をそれ、副車の車輪をこなごなに打ちくだいただけで、ついに始皇帝の身にはかすり傷を負わせることさえできなかった。

おかげで、命からがら事件の現場から脱出した張良は、秦吏の眼をくらますために名を変えて下邳に潜入した。それからしばらくたったある日のことである。退屈しのぎに隠れ家を出てぶらぶらしていた張良は、町はずれの土橋の上で一人の老人に出会った。するとその老人はだしぬけに自分がはいている履《くつ》を橋の下に落として、

『おい、若いの。履をあそこに落としたから、拾ってきてくれ』

という。口調だけは尊大だが、腰は弓のようにまがり、手足は無残に痩せおとろえていて、立っていることさえおぼつかなさそうに見える。仕方がないので、その履を拾ってきてはかせてやると、やっと満足げに眼を細め、

『若いの。今日のお礼に、おまえに教えてやりたいことがある。よければ、五日後の朝早く、ここへくるがいい』

そう言いのこして、老人はまたとぼとぼと遠ざかっていった。

ところが、それから五日目のことである。張良が夜明けと共に同じ場所に行ってみると、あにはからんや、老人はもう土橋の上に立っていて、張良の姿を見かけるなり、苦虫を噛みつぶしたような表情になって口をひらいた。

『親子ほども年の離れたこのわしから物を習おうというのに、遅れてくるとは何事じゃ。そんな事では話にならぬゆえ、今日は帰って、これから五日後にもう一度出直してくるがいい』

次の五日目。張良は一番鶏《どり》が鳴くのと同時に家を出て約束の場所に向かったが、結果はやはり同じであった。

それでも、張良はへこたれず、さらに次の五日目には、真夜中に家を出て約束の土橋へ向かった。おかげで、その夜はさすがの老人もまだ来ていず、ただ土橋の上の晴れあがった夜空に銀河が粉を吹いたように煌《きらめ》いているだけであった。やがて、その夜空の下を近づいてきた老人は、それまでとはうってかわった柔和な表情で、

『とうとうやりとげたの、若いの。さあ、それではこれを受けとるがいい。これをよく読めば、おまえは必ずや王者の師となることができるであろう。また、十年後には秦の暴政に抗して立ちあがり、十三年後には済北《せいほく》の穀城山《こくじょうざん》のふもとにころがっている黄石を見るであろう。じつは、わしはその黄石で、今の姿はかりのものにすぎぬのじゃ』

そんな不思議なことを言いながら、ふところから取りだした太公望の兵書を手渡したと思うと、あっというまもなく張良の視界から掻き消えてしまった。

その不思議な老人が予言したとおり、張良が秦の暴政に抗して兵を挙げたのはこの時からまさに十年後のことであり、漢の高祖を助けて天下の統一に成功したのはこの時からさ

らに十六年後のことであった」

ところが、前述の諸注記の典拠としてのこの記述をできるだけ簡潔に要約すれば、つまるところ、「黄石公と自称する不思議な老人が張良に太公望の兵書を授けた」という巷間の言いつたえそのものに収斂《しゅうれん》してしまう。

そこで、いますこし精密にこの言いつたえの内容を検討してみよう。『隋書』「経籍志」より前に出た『漢書《かんじょ》』「芸文志」には、上《かみ》は黄帝《こうてい》から下《しも》は項籍《こうせき》、韓信《かんしん》、李左車にいたるまで、五十三家におよぶ兵法家の名が列挙されている。その撰書あるいは著書名の記載も、七百九十篇の多きに達している。

にもかかわらず、黄石公の名はおろか、『六韜』あるいは『三略』の書名さえ、どこにもみいだすことができない。

だいたい『史記』の「留侯世家」も、黄石公に関しては、実在の人物として、記述しているわけではない。一個の神仙として――架空の象徴的な存在として記述しているにすぎない。

だとすれば、前記の言いつたえのうち、黄石公についての記述は司馬遷《しばせん》の文飾にすぎず、残るのは、「張良は太公望の兵書に学んだ」という伝聞だけということになる。そういえば、『漢書』「芸文志」の「道家」の部に、太公望呂尚《りょしょう》の撰として、謀《ぼう》八十一篇、言《げん》七十一篇、兵八十五篇――都合二百三十七篇があることが記載されている。したがって、張良がこの兵八十五篇の全部、あるいは一部を学んだとしてもすこしも不思議ではなく、すくなくともこれを無稽の臆説だと退けることは誰にもできない。

しかし、だからといって『李衛公問対』のごとく、「張良ノ学ビシ所ハ太公ノ『六韜』オヨビ『三略』ナリ」と断定するのは、明らかに行きすぎであろう。なぜなら『史記』の「留侯世家」には、張良が授けられたのは太公望の兵書だ、という記述があるだけである。それが、『六韜』と『三略』であったなどという記述はどこにもないからである。

したがって、『李衛公問対』の断定は、『六韜』あるいは『三略』が太公望撰の兵八十五篇のなかに含まれていたという前提なしには成立しえないが、そうなると、太公望が活躍した周初にはまだ騎馬戦はありえなかったことや、〈将軍〉という成語も使われてはいなかったことなどが問題になってくる。しかるに、『六韜』には『左伝』を初出とするこの成語が頻出するし、騎馬戦についての戦略が詳細に記述されている。また、『三略』にはあきらかに戦国以後の漢に書かれた『史記』の「淮陰侯伝《わいいんこうでん》」に拠ったと思われる、「高鳥死シテ良弓蔵《カク》レ、敵国滅シテ謀臣亡ブ」という記述が援用されているが、これらの甚だしい矛盾をどう説明するのか。

『李衛公問対』の断定は、いささかもこれらの疑問に答えることができない。

それでは、『三略』はいったいいつごろ、誰の撰によって成ったのか。『四庫提要《しこていよう》』は、黄石公の撰だという説を駁して、「漢代以来、兵法のことを言うものは往々にして黄石公を称するようであるが、史志に黄石公三巻とか黄石公略註三巻などと記載されているものはたいてい付会のものである」という。つまり、『三略』は誰かが黄石公の名をかりて撰録したものだ、というのである。

また、その成立の年代については、岡田脩氏の『六韜』の成立年代についての次のような見解が参考になろう。

「児島献吉郎著『支那諸子百家考』においては『今の六韜は漢魏以後晋宋の際に偽作せられしもの』と断じているが、一九七二年に山東省臨徽《りんき》より出土した銀雀山漢墓竹簡中にこの書の残簡が含まれていたということは、なお今後の研究を待たねばならぬが、この時にはすでにこの書が成立して相当の年月を経ていたであろうことを推測させてくれるものである。しかして、その成立年代は、今しばらく崔述に従って秦漢の間に偽撰されたものとしたい」

要するに、『三略』は『六韜』と共に史家のいわゆる偽書で、おそらく秦漢の間に撰録されたものであろう、というのである。

ただし、それが偽書であるという比定は、必ずしもその内容が無価値であることを意味するとは限らない。古来、架空の名儀に韜晦《とうかい》してひそかに志を述べることは、むしろ乱世の隠士がこのんで選んできた生き方の一つであったからである。いや、それどころか、『三略』がその成立以来、いかに多くの武人や兵家から高く評価されてきたか。その点についてはここでもう一度、中国古兵学の最高峰〈武経七書〉中の一書に挙げられて今日にいたっている、という前記の記述をくりかえしておくだけで十分であろう。

『三略』の略は戦略、あるいは機略を意味し、その内容は上略・中略・下略《かりゃく》の三部によって構成されている。

そのうちの上略は礼賞を設け、奸雄を別《わか》ち、成敗を著《あきら》かにしている。中略は徳行をさし、権変を審《つまびら》かにしている。下略は道徳を陳《の》べ、安危を害し、賢を賊《そこな》うの咎《とが》を明らかにしている。

以上が、本書が『三略』と名づけられた所以《ゆえん》であるが、その顕著な特徴の第一は、本文の記述が七書の中でも最も簡潔だということであろう。

第二の特徴は、本書の戦略戦術論が道家的な認識、とくに老子の認識に準拠して縦横に展開されていることであろう。

もっとも、内外の史家の中には、鬼の首でもとったように、本書の中心的な数章が『老子』第三十六章の、「柔ハ剛ニ勝チ、弱ハ強ニ勝ツ」の敷衍《ふえん》についやされていることをあげつらって、本書そのものを『老子』の二番せんじだと断定する者もいないではない。しかし、そもそも兵家や法家の出自は道家であって、その兵家が道教的な理念、なかんずくその中心としての老子の思想を祖述するのは自明かつ当然の帰結であり、だからといって本書の本質を云々するのは本末転倒も甚だしいと言わざるをえない。

しかも、この時代はすでに頭書したように、宗主的な血縁共同体から個人の能力を基礎とする君臣共同体への熾烈な転換期で、家族的な親和を理想とする儒教的な理念は、もはやほとんど新しい時代の原理として機能する力を喪失していた。

そういう意味では、他の兵書の大部分の内容が軍事的な分野に限られているのに、本書の撰者は自然的・客観的な法則の追究によって成立した道家的な理念を存分に活用して、たとえばしばしば賢者を遇する道や奸臣を除く方法などに触れているように、単に技術的な意味での戦略・戦術のみにとどまらず、その変化の素因としての政治の問題から組織の問題、あるいは権謀の問題や法律の問題にまで論及している。したがって、むしろその自由で柔軟な視点にこそ、本書が長く広範な読者の共感をかちえてきた最も大きな理由がある、といっても過言ではない。

なお、本書は『六韜』と一括して『韜略』と称されることが少なくない。それはおそらく、それぞれの文意や文体、成立の事情などに共通する要素が多いからであろうが、本書のわが国への伝来は『六韜』を含む他の六書より早く、上毛野真備《かみつけのまきび》が八世紀の前半に唐から持ち帰ったのを嚆矢《こうし》とするといわれている。

また、その後の受容のされ方については、『六韜』の場合は、藤原鎌足がその要所要所を暗記するほど愛読していたという話、あるいは雌伏期の義経が京都一条堀河の鬼一法眼の屋敷に潜入し、さんざん苦心した揚句、ついにその内容を筆写することに成功したという話などがよく知られている。『三略』の場合は、北条早雲が進講の学者からその最初の一句、「ソレ主将ノ法ハツトメテ英雄ノ心ヲトル」を聞いただけで兵法の極意をさとったという挿話が伝えられている。

無論、こういう挿話の大半は当時の物語作者の空想の所産にすぎまいが、それだけに、当時の民衆の『韜略』に対する信頼をよりいきいきと反映している、と言えぬこともない。なぜなら、そういう民衆的な信頼がなければ、そもそもこういう挿話そのものが成立しえなかったであろうからである。

だとすれば、われわれはこうした挿話によって、なかんずく『義経記《ぎけいき》』の中に出てくる『六韜』についての、「異朝には太公望これを読みて、八尺の壁に上《のぼ》り、天に上る徳を得たり。張良は一巻の書と名づけ、これを読みて、三尺の竹にのぼりて、虚空を翔《か》ける。樊噲《はんかい》これを伝へて甲冑をよろひ、弓箭《きゅうせん》を取つて、敵に向ひて怒れば、頭《かしら》のかぶとの鉢を通す。本朝の武士には、坂上田村麻呂、これを読み伝へて、悪事の高丸《たかまろ》を取り、藤原利仁《ふじわらのとしひと》これを読みて、赤頭《あかがしら》の四郎将軍を取る」という記述によって、わが国の読者がいかに大きな夢を『韜略』に托したか、その内実を如実に感得することができよう。

尚、本書の本文庫への収録に際しては、編集部の山本春秋氏に一方ならぬ世話をおかけした。最後になったが、心から御礼申しあげたい。

『三略』は、『孫子』にくらべて数百年後の成立である。一九七二年に山東省・銀雀山の漢墓より大量出土した竹簡の中にも、『孫子』『尉繚子』などに混じって『六韜』の半分近い章が発見されているのに、『三略』は無かった。

しかし、太公望由来という伝説の当否とは無関係に、神宗の指図によって一〇八〇年に武官の必修文典として撰ばれた「武経七書」中に『三略』が編入され、三年後に印行された結果として、北宋に三百四十種以上存在したという諸兵書のなかでも『三略』は抜きん出た声価を後代まで獲得する。

七書中の『三略』の位置取りは、最初、『孫子』『呉子』『六韜』『司馬法』に次ぐ五番目で、以下、『尉繚子』『李衛公問対』と連ねていた。ところが当の校訂者の朱服が後日それを、『孫子』『呉子』『司馬法』『尉繚子』『李衛公問対』『三略』『六韜』の順に改めた。

朱服のこの配列は、後代の研究家をいろいろに悩ませる。というのは、これら七書はいずれも由来書きがあって、もし悉くそれを鵜呑みにせば、古い順として『六韜』『孫子』

『司馬法』『呉子』『尉繚子』『三略』『李衛公問対』とでも並べる他にない。しかし、そうしなかった朱服は、自《みずか》らの配列の意味については書き残さないのだ。

宋代の施子美《ししび》が、この謎につきまず註釈を試みた（『武経七書講義』。刊年不明なれども日本に輸入されており、金沢文庫を創建した北条実時が一二七六年に息子の顕時をして複製せしめたものが最古本として伝存。シナでは『施氏七書講義』とも）。要するに、本当に周の太公望がかかわっているのであれば、『六韜』と『三略』こそ筆頭に位置させねばならぬところ、朱服らは、各書の推定成立年ではなく、知る範囲で確認できた書物の現物の新古を勘考したのだろう、と。

おそらくこの施子美および明朝以後の諸註入りの『三略』を六歳にして素読させられ、やがて成人後に、日本語で苦しまずに意味の取れる武経七書の読み方を広めたのが、山鹿《やまが》素行《そこう》であった。素行は晩年に、この七書の順次につき『武経七書諺義《げんぎ》』（一六七三）の中で自問して、次のような推理を遺す。要するに、七書は宋帝の「尚武」の意図に出でた出版事業だったのだから、朱服が命ぜられた撰者としてその叡意に沿うためには、最も兵法プロパーと認められた『孫子』『呉子』を最初に配置するのが至当だった。『三略』と『六韜』は逆に専ら「文徳之化」を主眼とし、武は二の次のようなので、これは七書の最後に収められるべきだったのだ、と。而して、『尉繚子』と『李衛公問対』は、残りの五書の解説書という趣きがあり、その中間でよかったのだ、と。

兵頭愚案する。この素行の説明でも、五書の解説書たる『尉繚子』『李衛公問対』が、なにゆえ五書の後ろに回らぬのか、必ずしも腑に落ちぬ。またやはりかなり儒者流の仁義に説き及んでいる『司馬法』の位置の理由も判明せぬ。もとより朱服の心事は分からない。敢えて推量するとせば、施子美の短い評が限度のように思える。

朱服には、『三略』と『六韜』はテイストからしてコンビの関係だと信じられたのに相違ない。他方で、『六韜』はずいぶん昔からあったという噂を、彼も遂に否定しきれなかった（じじつ銀雀山の前漢墓から『六韜』の一部が発掘され、紀元前二世紀以前からの存在が証明された。あるいは宋代にも何か残簡等があったのかもしれない）。『六韜』に比ぶれば、魏晋以前から伝わるかも……と思わす痕跡は稀薄な『三略』であるが、存外に古いかもしれないとの迷いを払えない。悩んだ末に彼が採用した方針は、『孫子』を首、『六韜』を尾としてそのどちらも重視する意図を匂わし、残りは主に内容の親近性に準拠して仮りにグルーピングしておこうというものだったのかもしれない。

少なくとも『六韜』はかなり古く遡れそうだとの所聞から、施子美に次いで明代初期に登場した七書の名解説者・劉寅《りゅういん》も、その『武経七書直解』（一三九七）において、『三略』と太公望との因縁を否定し去る能わなかったのだろう。ちなみにシナの民間道教では太公望は謀略の創始者と信じられているせいか、清代の丁洪章《ていこうしょう》の『武経七書全解』等は、『三略』の略とは謀略のことだと註する。劉寅は「要」の類義であるとした。

『三略』のタイトルを『黄石公三略』と書く例も、清代の文典研究者に多く見られる。しかし七書研究の二大先達たる施子美と劉寅は、「黄石公」の三文字は冠しない。この劉寅の「三略直解」を含める『七書直解』は、時代が下っても参照価値を保っている。往時、『三略』との関係が主張された『素書』なる一巻が、じつにまったくの偽書でしかないことを強調し、その上で、やはり『三略』は太公望に由来し、黄石公のときに張良に授けられたのだろう——との断を下しているのが、他でもない劉寅である。この劉寅の多少苦しい留保に、山鹿素行もけっきょく従った。

『三略』は、本朝には早く輸入された。西暦八九二年時点で現存していた漢籍タイトル総てをリストアップした『日本国見在書目録』の兵家の部に、『黄石公三略記三』が見える。これら平安期の稀少な漢籍はことごとく、朝廷、近畿の貴族、寺院のいずれかが、半ばは重宝として蔵していただろう。

しかし唐以前と以後とではシナ文はかなり変様した。そのため宋代の碩学でも、古代兵書の意味内容には一代の脳髄を絞ってなお達することがかなわなかったほどである。当然、施子美の『武経七書講義』の刊本が手に入るまでは、日本のインテリたちとてそれを自在に味読できたわけではなかった。

鎌倉以前には、一〇一一年に菅原宣義が加点した『三略』などが伝承されており、だいたいこの菅家の読み方が、理解の最高到達点だったようである（小林芳規『平安鎌倉時代に於ける漢籍訓読の国語史的研究』）。しかもそれらは極度の秘蔵扱いで、たとえば平安後期の公家の九条兼実《かねざね》が、政治人としてのサバイバルの参考書とするために、明経博士家の清原頼業に頼み込み、ついには頼業自身による註釈付き筆写コピーを頂戴して有難がっている消息が、兼実の日記『玉葉』の、一一八一年および一一八五年のページから窺えよう。いわんや鎌倉幕府成立以前の源平の武家には、とうてい『三略』その他の兵書を自習できるような環境は無かったと想像して可である。

ひろく読まれた『和漢朗詠集』（一〇一三）いらい、『三略』のことを「張良一巻書」とも呼び、やがて本書だけ神秘化され、軍記物や謡曲中で、孫・呉以上の扱いを受けるようになるという我が国の特殊事情については、岡見正雄校註『日本古典文学大系37　義経記』が詳しい。

さて、代々、シナ古典学を伝承する公家の清原教隆（一一九九～一二六五）は、小林前掲書によると、藤原敦綱が一一六四年に加点した『三略』を、筆写している。この教隆が鎌倉に下って、若き北条実時の師となり、後に金沢文庫を開かせた。

また、室町後期に日本儒学を前人未到の域にまで引き上げた清原宣賢《のぶかた》（一四七五～一五五〇）は、越前の大名・朝倉氏から度々招かれ下向し、城主以下に対して和漢書の講義を行なった。そのさい朝倉氏側からしきりに解説を請われた兵書は、『六韜』と『三略』であって、他の兵書の話は残らない。宣賢は、主として劉寅の「六韜直解」「三略直解」と、施子美の「六韜講義」「三略講義」を参考にしつつ、その講義を行なった（柳田征司「清原宣賢自筆『三略秘抄』の本文の性格に就て」・『国語学』75集）。

当時、図書があまたに集積されていた京都にほど近き朝倉家ですら、韜・略二冊しか兵書を読まないとしても不思議が無いのである。斯かる有様なればこそ、武田信玄が臨済宗高僧の快川《かいせん》紹喜《じょうき》につくらせたと伝えられる「孫子四如の旗」には、「他の大名よ、おまえ達は儒臭芬々の『六韜』『三略』を、子供の宿題のようにひととおり読んでみただけであろうな。が、我が手には武経七書の筆頭、戦争駆け引きのバイブルとされる『孫子』があるぞよ。そしてその章句の意味もオレはすっかり研究しておるぞ」との虚仮脅しの宣伝効果が伴ったのかと見当がつく。ちょうど川中島合戦のあった一五六一年、上杉謙信が金沢文庫から大量の蔵書を持ち出させているのは、こうした時代風潮と無関係でも有り得まい。

朝鮮役で虜囚になった姜沆《カンハン》は、一六〇〇年の帰国直後に著した『看羊録』の中で、日本の武将は武経七書はそれぞれに蔵書していても、半行ですら通読できる者がいない――と、他の朝鮮人捕虜たちから聞いた話を紹介している。藤原惺窩《せいか》はこの姜沆との交話により、本朝朱子学の拠点を京都五山から関東に移す自信を得た。

徳川家康が足利学校の閑室元佶《かんしつげんきつ》をして『六韜』『三略』をまず活字印刷せしめたのは一五九九年であった。本邦初の武経七書の活字刊行は一六〇六年に成った。

藤原惺窩のポジションを襲う林羅山は一六〇七年、徳川二代将軍秀忠のため特に（おそらく家康に請われて）『六韜』『三略』を講義し、一六二六年に『三略諺解』をまとめる（「諺」とは漢文を日本文に改めたテキストの意）。羅山は、『三略』を「心モチの兵法」だと概括し、秀忠や陪席の幕閣に「力による支配でなく心による支配を説い」（源了圓『近世初期実学思想の研究』）た。

人心の掌握法は、古今東西で共通なのだろう。昔アレクサンダー大王の全軍が水に渇し、一兵士がわずかに水を兜に集め、大王に差し出したときに、大王敢えてそれを飲まず、将兵を感奮させたという。けだし泰西版『三略』の先蹤《せんしょう》か。

おしまいに兵頭いわく、本朝とは異なって河川系に相応して蓄産が巨大であり、且つ四囲に地理的防壁を欠いたシナでは、喧嘩合戦一辺倒でない「他者操縦」のポリティクスが上下ともに大発達をした。その「顕教」部分の教科書として、『三略』は最良だったから、七書に撰入されているのだ。

〈ひょうどう・にそはち／評論家〉

『三略』一九八七年　ニュートンプレス刊

中公文庫

三《さん》 略《りゃく》

2004年5月25日　初版発行
2021年4月30日　7刷発行

訳　者　眞《ま》鍋《なべ》 呉《くれ》夫《お》

発行者　松 田 陽 三

発行所　中央公論新社
〒100-8152　東京都千代田区大手町1-7-1
電話　販売 03-5299-1730　編集 03-5299-1890
URL http://www.chuko.co.jp/

DTP　ハンズ・ミケ
印　刷　三晃印刷
製　本　小泉製本

Published by CHUOKORON-SHINSHA, INC.
Printed in Japan　ISBN978-4-12-204371-8 C1131

中公文庫既刊より

各書目の下段の数字はＩＳＢＮコードです。978－4－12が省略してあります。

ま-5-5
孫子・呉子
町田三郎
尾崎秀樹 訳

春秋戦国時代に成立した軍事思想書「孫子」。一大変革期に楚の宰相を務めた呉起の言を集めた「呉子」。兵法書として名高い二書を合本。〈解説〉湯浅邦弘

206631-1

は-60-1
六《りく》韜《とう》
林富士馬 訳

六巻にわたり綴られる兵法の極意、そして周王朝建設における戦略闘争史。藤原鎌足が諳んじ、若き源義経が愛読したと伝えられる兵法書、初の文庫化。

204494-4

し-20-9
孔子伝
白川 静

今も世界中で生き続ける「論語」を残した哲人、孔子。挫折と漂泊のその生涯を、史実と後世の恣意的粉飾とを峻別し、愛情あふれる筆致で描く。

204160-8

み-22-19
隋の煬帝《ようだい》
宮崎市定

父文帝を殺して即位した隋第二代皇帝煬帝。中国史上最も悪名高い皇帝の矛盾にみちた生涯を検証しつつ、混迷の南北朝を統一した意義を詳察した名著。

204185-1

み-22-21
中国史の名君と宰相
宮崎市定
礪波 護 編

始皇帝、雍正帝、李斯……激動の歴史の中で光彩を放った君臣の魅力・功罪・時代背景等を東洋史研究の泰斗が独自の視点で描き出す。〈解説〉礪波 護

205570-4

い-61-2
最終戦争論
石原莞爾

戦争術発達の極点に絶対平和が到来する。戦史研究と日蓮信仰を背景にした石原莞爾の特異な予見は、日本を満州事変へと駆り立てた。〈解説〉松本健一

203898-1

し-45-2
昭和の動乱（上）
重光 葵

重光葵元外相が巣鴨獄中で書いた、貴重な昭和の外交記録である。上巻は満州事変から宇垣内閣が流産するまでの経緯を世界的視野に立って描く。

203918-6

し-45-3
昭和の動乱（下）
重光　葵
重光葵元外相は巣鴨に於いて新たに取材をし、この記録を書いた。下巻は終戦工作からポツダム宣言受諾、降伏文書調印に至るまでを描く。〈解説〉牛村　圭
203919-3

と-18-1
失敗の本質　日本軍の組織論的研究
戸部良一／寺本義也／鎌田伸一／杉之尾孝生／村井友秀／野中郁次郎
大東亜戦争での諸作戦の失敗を、組織としての日本軍の失敗ととらえ直し、これを現代の組織一般にとっての教訓とした戦史の初めての社会科学的分析。
201833-4

き-46-1
組織の不条理　日本軍の失敗に学ぶ
菊澤研宗
個人は優秀なのに、組織としてはなぜ不条理な事をやってしまうのか？　日本軍の戦略を新たな経済学理論で分析、現代日本にも見られる病理を追究する。
206391-4

い-108-6
昭和16年夏の敗戦　新版
猪瀬直樹
日米開戦前、総力戦研究所の精鋭たちが出した結論は「日本必敗」。それでも開戦に至った過程を描き、日本的組織の構造的欠陥を衝く。〈巻末対談〉石破　茂
206892-6

あ-89-1
海軍基本戦術
秋山真之
戸高一成 編
丁字戦法、乙字戦法の全容が明らかに！　日本海海戦を勝利に導いた名参謀による幻の戦術論が甦る。本巻は同海戦の戦例を引いた最も名高い戦術論を収録。
206764-6

あ-89-2
海軍応用戦術／海軍戦務
秋山真之
戸高一成 編
海軍の近代化の基礎を築いた名参謀による組織論。巨大組織を効率的に運用するためのマニュアルが明らかに。前巻に続き「応用戦術」の他「海軍戦務」を収録。
206776-9

か-80-1
兵器と戦術の世界史
金子常規
古今東西の陸上戦の勝敗を決めた「兵器と戦術」の役割と発展を、豊富な図解・注解と詳細なデータにより検証する名著を初文庫化。〈解説〉惠谷　治
205857-6

か-80-2
兵器と戦術の日本史
金子常規
古代から現代までの戦争を、殺傷力・移動力・防護力の三要素に分類して捉えた兵器の戦闘力と運用する戦術の観点から豊富な図解で分析。〈解説〉惠谷　治
205927-6

各書目の下段の数字はＩＳＢＮコードです。978－4－12が省略してあります。

い-134-1
リデルハート　戦略家の生涯とリベラルな戦争観
石津朋之
平和を欲するなら戦争を理解せよ。「間接アプローチ戦略」「西側流の戦争方法」など戦略論の礎を築いた二十世紀最大の戦略家、初の評伝。
206867-4

ク-6-1
戦争論（上）
クラウゼヴィッツ
清水多吉訳
プロイセンの名参謀としてナポレオンを撃破した比類なき戦略家クラウゼヴィッツ。その思想の精華たる本書は、戦略・組織論の永遠のバイブルである。
203939-1

ク-6-2
戦争論（下）
クラウゼヴィッツ
清水多吉訳
フリードリッヒ大王とナポレオンという二人の名将の戦史研究から戦争の本質を解明し体系的な理論化をなしとげた近代戦略思想の聖典。〈解説〉是本信義
203954-4

ク-7-1
補給戦　何が勝敗を決定するのか
M・v・クレフェルト
佐藤佐三郎訳
ナポレオン戦争からノルマンディ上陸作戦までの戦争を「補給」の観点から分析。戦争の勝敗は補給によって決まることを明快に論じた名著。〈解説〉石津朋之
204690-0

シ-10-1
戦争概論
ジョミニ
佐藤徳太郎訳
19世紀を代表する戦略家として、クラウゼヴィッツと並び称されるフランスのジョミニ。ナポレオンに絶賛された名参謀による軍事戦略論のエッセンス。
203955-1

ハ-12-1
改訂版　ヨーロッパ史における戦争
マイケル・ハワード
奥村房夫
奥村大作訳
中世から現代にいたるまでのヨーロッパの戦争を、社会・経済・技術の発展との相関関係においても概観した名著の増補改訂版。〈解説〉石津朋之
205318-2

マ-10-5
戦争の世界史（上）技術と軍隊と社会
W・H・マクニール
高橋均訳
軍事技術は人間社会にどのような影響を及ぼしてきたのか。大家が長年あたためてきた野心作。上巻は古代文明から仏革命と英産業革命が及ぼした影響まで。
205897-2

マ-10-6
戦争の世界史（下）技術と軍隊と社会
W・H・マクニール
高橋均訳
軍事技術の発展はやがて制御しきれない破壊力を生み、人類は怯えながら軍備を競う。下巻は戦争の産業化から冷戦時代、現代の難局と未来を予測する結論まで。
205898-9